儿童行为心理学

王银杰 ◎ 著

当代世界出版社

图书在版编目（CIP）数据

儿童行为心理学 / 王银杰著 . -- 北京：当代世界出版社，2017.9
ISBN 978-7-5090-1268-0

Ⅰ . ①儿… Ⅱ . ①王… Ⅲ . ①儿童心理学—通俗读物 Ⅳ . ① B844.1-49

中国版本图书馆 CIP 数据核字 (2017) 第 229868 号

儿童行为心理学

作　　者：	王银杰
出版发行：	当代世界出版社
地　　址：	北京市复兴路 4 号（100860）
网　　址：	http://www.worldpress.org.cn
编务电话：	（010）83908456
发行电话：	（010）83908410（传真）
	（010）83908408
	（010）83908409
	（010）83908423（邮购）
经　　销：	新华书店
印　　刷：	北京晨旭印刷厂
开　　本：	710mm×1000mm　1/16
印　　张：	17
字　　数：	250 千字
版　　次：	2018 年 3 月第 1 版
印　　次：	2018 年 3 月第 1 次
书　　号：	ISBN 978-7-5090-1268-0
定　　价：	39.80 元

如发现印装质量问题，请与承印厂联系调换。
版权所有，翻印必究；未经许可，不得转载。

前　言

　　每一个父母都是孩子的守护者，都是这个世界上最爱孩子的人。孩子的一言一行，一个细微的变化都会牵动父母的每一根神经。但是，面对孩子的细微变化，很多父母或是听之任之，或是做出一些不适之举。例如，有些父母听到孩子的哭声，会急得像热锅上的蚂蚁，一会儿哄，一会儿骂，一会儿又不知所措，却不能深入到孩子的内心世界去探寻孩子的真实需求。

　　其实，孩子的哭有很多含义，哭是孩子最原始的行为之一，是孩子最常使用的一种"武器"，是孩子表达自己情感、需要以及身体状况的一种特殊的语言。哭不仅仅代表着不高兴，还代表着恐惧、惊吓、委屈、焦虑和不舒服。

　　我们都知道，语言是靠不住的，很多人为了掩饰自己内心的真实状态而选择说谎，行为却恰恰相反，它反映着一个人内心的真实想法。任何一个人的内心都是有迹可循的，不管被包裹得多么严实，只要我们用心去观察，便会从各种行为细节中发现蛛丝马迹。一些父母，尤其是那些初为父母的人可能会认为，孩子，特别是幼小孩子的内心就像一张白纸，无须解读也能一览无余。其实不然，孩子的内心世界要比我们想象的丰富得多，既纯净又深奥，是一个需要探索的神秘迷宫。要想了解这座神秘迷宫背后的真实，就要走近它，探究它，只有这样，才能帮助孩子跨过成长过程中的一道又一道藩篱，到达幸福快乐的彼岸。

　　所以，我们需要懂得一点点行为心理学，才能读懂孩子行为背后所隐藏的秘密，就能读懂孩子的内心世界。

　　如果父母学会了探索孩子的内心世界，学会了察言观色，便能及时发现到孩子的情绪波动，理解孩子的行为，进而去关注、肯定、陪伴、支持或引导

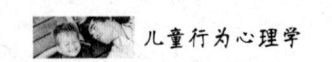

孩子，那么，父母也便能与孩子一起创造一个影响孩子一生的命运蓝本。

"改变孩子的行为，先要了解他的心理。"当你打开这本书，你便是在让孩子做最好的自己，便是在把孩子引向一条健康而充满欢笑的康庄大道，这便是影响孩子一生的命运蓝本。

本书共分为十二章，分别从儿童的内心、哭的行为、肢体行为、语言行为、情绪行为、生活行为、学习行为、道德行为、习惯行为、交际行为、异常行为、亲子行为和行为误区等方面对儿童的心理进行了深刻的剖析和解读。每一节分为案例部分和心理剖析部分，案例都似曾相识，心理剖析则向我们传授走进孩子内心世界的具体方法。

本书还列举了一些孩子比较常见的行为举止，如不断跺脚、低头不语、吸吮手指、啃咬指甲、乱发脾气、喜欢撒谎、不愿分享、做事拖拉、人来疯等，并且通过浅显易懂的语言对这些行为进行了分析与讲解，使原本深奥的理论摇身一变，就成了通俗易懂的小故事和深入浅出的应对策略。总之，这本书是父母走进孩子内心世界的一条秘径和捷径。

只要我们认真通读本书，掌握书中所提供的知识与技巧，当身处和书中所描述的情境相似时，我们便能通过观察、对比孩子的面部表情和肢体动作，瞬间读懂孩子行为背后所隐藏的秘密，了解孩子，和孩子成为知心朋友，成为称职的父母，而我们的孩子也能快乐成长，成为一个积极向上、身心健康、充满正能量的现代人。

但是，相同的行为语言出现在不同人的身上，意义也会有所不同。所以，这里需要提醒读到这本书的父母们，对孩子行为语言所传递出来的信息不能照本宣科，更不能妄下结论，而应结合实际情景来解读，做到具体问题具体分析，具体问题具体解决。

本书最大的特点是贴近生活实际，具有很强的实用性和指导性，不但适合父母们阅读，而且适合每一位儿童教育工作者阅读。在编写过程中，本书还得到了一些心理学专家的指导和支持，在此一并致谢！尽管作者在编写过程中做了很多努力，但由于时间仓促，难免会存在疏漏和不妥之处，恳请广大读者批评指正。

目　录

第一章　读懂孩子内心：才能读懂孩子行为 ·················· **001**
　1.孩子的行为是一种无声的语言 ································ 002
　2.你了解孩子行为背后的心理需求吗 ···························· 005
　3.父母与孩子的相处模式决定孩子的行为 ························ 008
　4.要想改变孩子行为，先要使自己成长 ·························· 011
　5.爱孩子，就要读懂孩子的心灵世界 ···························· 014
　6.孩子好的行为是爱和支持滋养出来的 ·························· 016
　7.父母不蹲下，孩子永远长不大 ································ 019

第二章　哭的行为：一种表达孩子意愿的特殊语言 ·············· **021**
　1.爱哭——是每个孩子最常用的武器 ···························· 022
　2.哭声抑扬顿挫——孩子在做运动 ······························ 025
　3.和妈妈分开时号啕大哭——患有分离焦虑 ······················ 027
　4.跌倒后大哭——依赖性强或紧张、恐惧 ························ 030
　5.稍不如意就大哭大闹——希望获得心理满足 ···················· 033
　6.强忍着不哭出声——受到了极大的委屈 ························ 036
　7.哭得喘不过气来——身体不舒服 ······························ 039

第三章　肢体行为：透露出孩子内心深处的秘密 ················ **041**
　1.好动——是每个孩子的天性 ·································· 042

2.手部小动作——体现"大心事" …………………………………… 045

3.眼睛——表达多种意义的器官 …………………………………… 047

4.微笑——心里藏着一个"大玄机" ………………………………… 049

5.下巴——不会说话也有千言万语 ………………………………… 052

6.吸吮手指、啃咬指甲——进入口腔敏感期 ……………………… 054

7.不断跺脚——是在表达自己的不满 ……………………………… 056

8.低头不语——持反对态度或不感兴趣 …………………………… 058

第四章　语言行为：听出孩子所要表达的弦外之音 …………… 061

1."我是从哪里来的"——出现第一个迷惑期 …………………… 062

2."妈妈，你不要离开我"——担心被抛弃 ……………………… 065

3."我要，我就要"——占有欲在作祟 …………………………… 067

4."你不能夸别人"——产生了嫉妒心理 ………………………… 069

5."我不好意思说不"——不懂得拒绝别人 ……………………… 072

6."我对这个世界不感兴趣"——可能患有孤独症 ……………… 074

7."我这样做对不对"——缺乏自主判断力 ……………………… 077

8."妈妈，我肚子疼"——很有可能是在装病 …………………… 080

9."我要嫁给爸爸"——进入婚姻敏感期 ………………………… 083

10.大声尖叫——另类语言表达的方式 …………………………… 086

第五章　生活行为：孩子心灵世界最直接的表达方式 ………… 089

1.不喜欢刷牙——不懂得口腔卫生的重要 ………………………… 090

2.不愿意做家务——没有吃苦耐劳的精神 ………………………… 093

3.过度干净、有洁癖——可能患有强迫症 ………………………… 096

4.喜欢抱着枕头睡觉——希望获得安全感 ………………………… 098

5.睡觉时磨牙——晚餐过饱或身体缺钙 …………………………… 101

6.看电视上瘾——人际交往有障碍 ………………………………… 104

7.一边吃饭一边玩——不能做到专心致志 ………………………… 107

第六章　学习行为：孩子大部分的学习问题都是心理问题……109
1.不愿意上学——缺乏正确的学习理念　110
2.打破砂锅问到底——思维能力在发展　113
3.默写变抄写——孩子有应付心理　116
4.一提作业就头大——超限效应在作怪　119
5.临阵磨枪，不快也光——心存侥幸心理　121
6.轻易放弃难题——缺乏挑战精神　124
7.上课老走神——注意力不够集中　127
8.理解力相对较差——没有养成阅读的习惯　130

第七章　道德行为：为孩子的不道德行为找找原因……133
1.孩子学会了撒谎——认知发展的需要　134
2.家有小霸王——霸道，不知道礼让他人　136
3.对他人的帮助不知感激——缺乏感恩之心　138
4.考试作弊——不懂得诚实做人的道理　141
5.喜欢炫富——缺乏正确的价值观　144
6.喜欢说脏话——可能在模仿周围的人　147
7.给他人取绰号——不懂得尊重他人　150
8.不愿意分享——是自私的一种表现　152

第八章　习惯行为：释放孩子内心的多种"信号"……155
1.磨磨蹭蹭——孩子在进行无声的反抗　156
2.做事敷衍——缺乏责任心的一种表现　159
3.见到东西就想买——没有正确的消费观念　162
4.孩子是个手机控——父母的影子在起作用　165
5.总是丢三落四——自我控制能力低　168
6.习惯性顶嘴——独立期孩子的逆反行为　171
7.干什么事都拖拉——时间观念淡薄　174

第九章　交际行为：善于社交的孩子最有出息……177

1. 喜欢抢别人的东西——自我意识的出现……178
2. 经常和同伴打架——自我意识在发展……181
3. 害羞、怕生——患有社交恐惧症……184
4. 被小团体排斥——缺乏团队意识……187
5. 话太多——内心充满表现的欲望……190
6. 吹牛、说大话——好胜心理强烈……193
7. 到处碰壁——没有足够的适应能力……195
8. 不敢和陌生人打招呼——缺少社交经验……198
9. 早恋——孩子产生了朦胧的两性意识……201

第十章　异常行为：拨开迷雾，认清孩子的心理密码……203

1. 把别人的东西拿回家——只是喜欢不是偷……204
2. 乱写乱画——孩子有了创造力和感知力……207
3. 胡闹、人来疯——为了博取更多的关注……210
4. 痴迷于用纸折各种物件——怀有探索之心……213
5. 喜欢漂亮姐姐——进入性意识成长的关键期……216
6. 故意捣乱——为了吸引父母的注意……218
7. 特别怕黑——自我保护的本能需求……221
8. 喜欢到处扔东西——确定自己的空间感……223
9. 奇怪的恋物症——找不到情感的寄托……226
10. 离家出走——缺乏安全感或自尊心受损……228

第十一章　亲子行为：破解孩子心理行为的暗语……231

1. 把父母的话当耳旁风——可能是孩子有自己的想法……232
2. 与家长对着干——陷入了禁果效应……234
3. 喜欢和父母撒娇——缺乏安全感的表现……237
4. 在家没大没小——与爸爸妈妈意见不同……239

5.喜欢和父母玩亲亲——行为成人化的表现 ············· 242

6.对父母忽冷忽热——与父母有情感隔阂 ············· 244

7.不喜欢二胎妹妹——想独占父母的爱 ············· 247

第十二章 行为误区：父母不可不知的儿童行为心理知识 ············249

1.父母言而无信——孩子有样学样 ············· 250

2.过分谦虚——会扼杀孩子的小小梦想 ············· 252

3.不正当奖励——使孩子的路越走越歪 ············· 254

4."别人家的孩子……"——一种无形的伤害 ············· 256

5.使用冷暴力——会给孩子造成一生的阴影 ············· 258

6.包办一切——使孩子失去了应有的创造力 ············· 260

第一章

读懂孩子内心：才能读懂孩子行为

每个人从出生时起，便会有各种行为，而这些行为正是心理需求的重要表现，这些需求会随着年龄的增长而不断变化，进而再反映到心理上。了解孩子行为，先要了解孩子的心理。

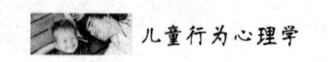

1.孩子的行为是一种无声的语言

每个从天而降的宝宝都是父母爱的结晶，是上天赐予父母最好的礼物。毫无疑问，父母既是孩子的守护者，也是最爱孩子的人。一个微笑，一个眼神，从睡姿到站姿，从咿呀学语到一口流利的普通话，无一不牵动着父母的神经。也许只是孩子一个细微的动作都能让父母甜在心里，乐在心头。

初为人父人母的你是否因为孩子的某些行为感到无比困惑，紧张不安。也许是无厘头的号啕大哭，也许是随意和玩伴争抢玩具，也许是百无聊赖地玩弄手指，所有的这些都会让你无法明白他们的内心世界。然而，父母也必须通过行为来读懂宝宝的内心世界，因为宝宝们还无法完全用语言表达内心的情感和需求。

大多数父母认为，孩子的内心就像一张纯洁无瑕的白纸，孩子的内心父母可以一览无余，其实这些想法是错误的。孩子的内心是一个无法探秘的迷宫，他们会通过各种你捉摸不透的行为来表达自己的想法和观点。他们的内心世界远比父母想象中的丰富，而且宝宝爱憎分明，喜欢就是喜欢，不喜欢就是不喜欢。他们还分不清什么是对的，什么是错的，因为还没有明确的判别是非的标准。也许在成人眼中看来这件事情很无聊，但在宝宝看来却是正常的，正确的。

孩子的行为多种多样，每个行为的背后都隐藏着和成人不太一样的行为心理，只有抓住孩子行为背后的心理才是解决问题的关键。有些父母不懂得孩子的行为心理，看到孩子大哭大闹，不去分析，不去思考，就去批评孩子，导致很多孩子抱怨父母不理解他们。

有的时候，父母不了解孩子的行为就对他们大声斥责，特别是一些正常的行为被父母误解，这就给很多孩子留下了心理阴影，违背了孩子正常的行为发展和轨迹。因此，父母要懂得，孩子的行为是一种无声的语言。父母不应该只看孩子表面的行为，而应该读懂孩子行为背后的心理，这样方能对症下药，引导孩子健康成长。

因此，每位父母都应该懂一点行为心理学，了解孩子背后的内心世界。

婴儿呱呱坠地，一声啼哭宣示生命的降临。宝宝的啼哭是向父母表达意愿的特殊语言，既是宝宝表达自己身体需求的语言，也是表达情感需求的一种特殊语言。父母如果能够读懂这些，在陪伴中就可以做到心中有数，处理得当。

婴幼儿时期的宝宝，语言表达能力不强，所以他们经常用肢体语言来向父母表达自己的需求。理解与呵护是爱的第一步，因为不理解宝宝肢体动作所表达的含义，许多父母正在无形中伤害宝宝。也许可能是当时的小忽视，却对孩子产生了很大影响。所以，父母一定要仔细观察宝宝的肢体动作，并及时地给予正确的回应，才能让宝宝更加健康地成长。

有的时候孩子会高兴地笑，有的时候却放声大哭，多种多样的行为背后都有着不同的原因。读懂孩子行为背后的心理密码，才能给予孩子合适的指导。要想成为一名称职的父母，绝对不能按照自己的思维模式和方式来教育自己的孩子。你要明白，在某种程度上孩子看到的世界与成人看到的有所不同。

行为作为家长与孩子沟通交流的一种无声语言，是孩子成长亦是父母成长的一种特殊行为。家长只有在孩子成长过程中正确理解孩子，才能够明白孩子的真实意图，满足孩子的心理或情感需求，陪伴孩子成长的每一步。

每个宝宝都是上天赐予父母最好的礼物。望子成龙、望女成凤是每个父母的愿望，这就需要我们正确地引导宝宝，陪伴宝宝成长。但是，单纯地陪伴，而不是真正的心灵陪伴不利于宝宝的成长，还会影响孩子的心理。因此，父母要认真地、耐心地观察宝宝的一举一动，学会从宝宝的一举一动中了解背后的行为和心理需求，只有这样才能读懂孩子，让孩子勇敢地、阳光地、快乐地长大。

从今天起，做合格的父母，认真品味孩子的行为，因为行为也是一种无声的语言。

2.你了解孩子行为背后的心理需求吗

随着年龄的增长，孩子接触的事物越来越多，好奇心和求知欲也越来越强，他们已经不满足于对外界的单纯的听、看、触摸，而是出现了更高层次的需求——心理需求，并通过行动来表现出来。因此，作为与孩子关系最为亲密的父母一定要透过现象看本质，洞察孩子的心理需求。

为了让孩子更加健康地成长，父母一定要先学会了解孩子行为背后的心理需求。一般而言，其心理需求主要有以下几种：

（1）情感依赖需求。

这种心理需求在婴儿时期表现得非常明显，比如两三岁的小孩就特别缠人，像妈妈的跟屁虫，妈妈走到哪他跟到哪，妈妈必须时刻出现在他的视线之内。孩子之所以如此，正是因为他们的情感需求没有得到满足。有些父母可能觉得应该培养孩子的独立性，就用最传统的方式来教育自己的孩子，其实，这样反而会让孩子产生畏惧心理，不利于孩子的成长，正确做法是多花点时间陪伴自己的孩子，满足孩子的情感需求。

（2）归属感的需求。

凯凯今年7岁，有一天，他对妈妈说："妈妈，你这么辛苦，我也没事情做，我来帮你打扫卫生吧！"妈妈回答道："宝贝，不用了，太脏了，你做不了这些事情，你去看电视，或者做作业也行！"凯凯心里想："妈妈认为我做不好，那我以后再也不干家务了！"第二天，家里要招待客人，妈妈着急地要凯凯来帮忙："宝宝，快来帮妈妈洗一下水果，一会儿有客人来。"凯凯坐着那不动，心想："我才不管呢，反正我也做得不好。"

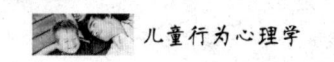

实际上，凯凯这种行为属于缺乏归属感。每个人都希望自己归属一个团体，孩子亦是如此。他们希望得到父母的肯定和认同，希望能够清楚地认知自己在家庭中的地位。凯凯的行为并非是懒惰的表现，而是因为第一次的要求被妈妈拒绝了，以至于孩子的归属感得不到满足。这样，孩子不仅不会与妈妈合作，而且会变得没有责任心。

所以，在日常生活中，父母要为孩子适当地提供机会，让孩子知道他也是这个家庭不可或缺的一部分，帮助父母做一些力所能及的家务，并给孩子一个亲吻或者说一些感谢、鼓励的话语。这样，孩子就会从内心深处察觉到自己是有用的，这个家庭需要他，从而得到归属感的满足。

(3) 渴望得到关注的需求。

妈妈忙碌了一天，回到家开始准备做晚饭，正在客厅玩耍的宝宝看到妈妈便飞奔过来，缠着妈妈要求妈妈抱一抱。妈妈着急随即推开了宝宝，径直走向厨房，开始准备晚餐。正在切菜的妈妈突然听到一声巨响，急忙跑向客厅，原来是茶几上的小鱼缸掉在了地上。妈妈生气地责备宝宝："你怎么回事？"宝宝一声不吭，但心里却想："妈妈一定是不爱我了，我只能用破坏东西来吸引你的注意。"

妈妈对宝宝的冷落让宝宝觉得妈妈对他们的爱少了，故而采用其他搞破坏的方式来吸引妈妈的注意力。在宝宝看来，虽然得不到爱，但是关注也是很好的。所以，父母要明白孩子渴望得到关注的需求，如果他们出现不良行为时，要适当地进行分析，满足其正常的心理需求。否则，长此以往，他们就会成长为问题少年。

(4) 被尊重的需求。

孩子更需要得到尊重，父母在做事情时要记得询问孩子的意见，不要以居高临下的态度来对待自己的孩子。父母在处理与孩子有关的事情上，记得要问问孩子，比如在处理宝宝的玩具时，记得问问宝宝："这件玩具可以送人吗？"如果宝宝不愿意，千万不要这样做，否则他们会觉得父母不尊重他。

做父母的要学会倾听孩子说话，倾听孩子的意见，从孩子的角度思考他们是怎么想的，他们容易接受的办法是什么，这样才能更好地满足孩子的需求。

（5）被肯定的需求。

无论孩子的学习成绩如何，无论是否自信，父母一定要学会时刻激励他们，鼓励他们，增强他们的信心。如果他非常优秀，但是很胆怯，不敢在众人面前表现自己，就一定要学会信任并肯定自己的孩子，告诉孩子他是最棒的，最优秀的，并告诉孩子，任何人都不能比拟其在父母心中的位置。

总之，父母只有学会观察孩子的行为，了解他们背后的心理需求，才能学会更好地关注孩子，陪伴孩子健康快乐地成长，从而成为一名合格的父母。

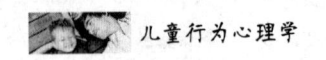

3.父母与孩子的相处模式决定孩子的行为

父母的行为、性格、心理、生活习惯及思维方式决定孩子的行为、性格、心理、生活习惯及思维方式。很多家长在教育孩子方面操碎了心，却得到孩子的排斥，家长对此亦非常头疼。其实严谨尖锐的家庭教育模式不一定有利于孩子的健康成长，轻松愉快的相处模式才更加有效。

（1）允许孩子自己做决定。

父母要允许孩子按照兴趣做事，这也是帮助他们成功的最佳途径之一。如果你让孩子感到他可以自由选择打篮球或去练跆拳道，那么他就会更有信心地去做他所选择的项目。

但是，父母也不能放手不管，而是要给予其大力的支持。例如，虽然你的孩子很乐意在星期六早上去练芭蕾舞，但如果你不陪伴她去的话，她还是有可能中断或放弃的。多数孩子的兴趣爱好十分广泛，因此父母们必须做出相应的时间投入。孩子很容易转移注意力，不集中精神去做事，转而去玩游戏或找其他小伙伴玩耍。

（2）关注孩子成长的每一刻。

父母不能对孩子期望值过高，亦不能对孩子要求太高，如果你感兴趣的仅仅是孩子是否能够成为全班第一名，那么你对孩子的期望就太过荒唐了。每个孩子都是按照自己的速度来成长的，体力、智力发展速度也并不一致。如果父母一味地好高骛远，喜欢拿自己的孩子与其他孩子相比较，会让孩子觉得他是一个失败者。

与此相反，如果你的孩子在绘画或音乐上有某种天分，父母就应该给他提供一切机会去发展他的才能。逼迫是不对的，鼓励才是有益的。不要在一个孩子还不会走的时候就让他去跑。但是，如果他想要奔跑的时候，你应该给予他你所能给的帮助。

（3）学会和孩子沟通。

孩子做事不积极，要学会尝试与孩子沟通，问问他为什么不愿意参加集体活动或不愿做家庭作业了？也许他会在你的询问下说出心里话——他被其他小朋友欺负了，他不喜欢新的的老师，等等。

良好的环境同等重要。有些孩子在安静的房间里注意力最为集中，而有些孩子却喜欢热闹的环境。如果孩子说他不喜欢被独自关在房间里，那么就让他在厨房边的餐桌上写作业。如果孩子变得毫无动力了，通常他会有一个正当的理由，所以一定要学会及时地沟通，发现其中的问题所在。

（4）积极地谈论你的工作。

结束了一整天的工作之后已精疲力竭，但即使是厌烦当前的工作，也要向孩子讲述工作中发生的令你高兴的事情，以此来激发他的憧憬和热情。受父母的感染，他会想："如果我努力工作的话，我也会像爸爸妈妈一样成功。"如果你每天从事乏味的工作，没有什么值得与孩子们分享的，那么请告诉他，你的能力或学历决定将来你工作有趣与否。这样，孩子会从不愿意像父母那样生活的想法中找到动力。

（5）解释你的理由。

如果你不希望你的孩子放弃钢琴学习，想服自己的孩子，最不可取的办法就独断专行，这会让孩子更厌恶钢琴。相反，如果你耐心向他解释你认为继续练下去的理由，他有可能会赞同你的看法。当然，如果他仍不同意也没关系，他很可能有自己的想法。父母也应倾听孩子的意见，并告知无论他怎么做，他现在学到的都会成为他未来的财富。

（6）重视赞赏的作用。

不断赞扬孩子极为重要，但赞扬必须有的放矢。如果他给你看他刚做完的某个东西，你仅仅说了句"干得不错"，他就会感到，你并非真的注意他的成就。你此时应说的是:"我很喜欢你在设计中用的小创意,这样做很有意思"或者"你的音阶弹得非常流畅"等。这样,孩子知道了你的确对他取得的成就感兴趣,下次他就会更加努力地去做以博得你的赞扬。

(7)适当的放松很重要。

如果小孩子们能得到足够的来自父母的鼓励,他们就会茁壮成长。如果父母经常冲着孩子大叫大嚷:"你又在那儿干什么呢",会给孩子的心理带来很大伤害。我们每个人都需要时间去放松、听音乐,或者什么也不干,只是发呆。然后呢,当我们的"电池"重新充足电时,我们将精神抖擞,准备好去面对下一个挑战。孩子也是一样。

针对孩子的成长,选择愉快的相处模式,不仅仅有利于孩子身体的健康成长,也有利于塑造孩子良好的性格和品格,让孩子成为一个人格健全的人,一个各方面都得到全面发展的人。

4.要想改变孩子行为，先要使自己成长

父母的行为影响孩子的一生，父母对孩子心灵的呵护比给予孩子丰厚的物质更有意义。有的时候，父母常常抱怨孩子不合群，没有礼貌；抱怨孩子撒谎；抱怨孩子跟其他小伙伴的交流方式简单粗暴，但是却何尝想过其实孩子的行为在一定程度上是由父母所决定的。

假如父母能够改变自己的行为，能够发自内心地去爱孩子、关注孩子的一举一动，让他觉得自己足够优秀；假如父母能够花时间陪伴孩子一起玩耍，当他表现出不友善的行为时，和蔼地告诉他："这样不可以"，并告诉他轻轻地拥抱、拉手是表示友好的行为，这样孩子就不会做出任何不合理的行为以引起父母的关注。

父母又该如何改变自己的行为呢？

首先，改变自己的态度和反应。当面对孩子出现任何不合理的行为或提出不合理的要求时，努力克制自己的情绪和反应。也许你会感到非常无奈、生气、伤心和失望，但是不要在孩子面前马上流露出来，或者立刻责备自己的孩子。你要学会静心凝神，窥探孩子内心的真实需求，也许孩子的某些行为会给你带来意想不到的收获。

其次，改变教育孩子的方式，将孩子视为独立的个体，让他们自己承担相应的责任，切身体验自身行为引发的后果，积极主动地承担责任。

如果孩子的某些行为是为了博得父母的关注，那么父母就应该让他知道这些行为的后果。比如当孩子不吃饭时，既不劝他，也不喂他，那么他的吃饭事宜也就不会成为他博得父母眼球的手段，然后他发现不吃饭会饿肚子，从此

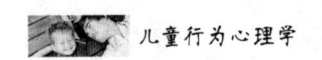

之后便会好好吃饭。

如果你发现孩子的目的在于逃避，就需要立刻采取措施，与孩子沟通，让他知道父母是爱他的，细心地捕捉关注孩子每一个细小的进步，帮助孩子重获自信。

最后，改变态度，态度决定一切。

父母如果将目光集中在孩子的不完美之处，处处盯着他们的缺点，时刻提醒、批评、监督孩子，等于告诉孩子："我对你缺乏信任，你其实是一个失败者，没有父母的帮助你什么事情也做不好。"如果父母一味地关注孩子的成绩、名次、奖励等，等于告诉孩子："你必须非常出色才属于我们这个集体。"凡此种种，都会给孩子带来巨大的心理压力。

很多时候，我们只注重结果而忽视过程，这就给孩子一种心理暗示——结果才是决定你是否优秀的试金石。我们害怕孩子失败，害怕孩子输在起跑线上，但是却不知父母对孩子过高的期望会导致孩子自卑。如果父母能够多加赞赏、鼓励自己的孩子，放手让他们去做，让他们享受过程带来的美好，而不是畏惧失败与挫折，他们就能够在体验中逐渐掌握生活的知识和技巧，并且对自己的生活负责，做一个有责任心的人。

父母只有彻底地改变自己的态度，改变一些不良行为，才能从根本上解决问题。孩子属于这个家，他就是他，不是因为他对这个家做出了多大贡献。而现在的父母很难让孩子感觉自己无条件地属于这个家，而是必须极为出色，让父母脸上增光才行。有的时候我们很难容忍孩子出现独特的个性，更不允许孩子犯错误、有过失，我们想纠正孩子的行为，但却忽视了其实最根本的问题出现在自己身上。

做父母的要学会放手，放手让孩子生活、探索、学习，在孩子需要帮助的时候及时地给予支持、帮助。当孩子专注于一件事情时，父母陪伴他们就可以了，而不是给予他们各种建议。比如孩子在沙滩边用沙子搭小房子，父母静静地坐在一边享受阳光，孩子也会保持一颗安稳的心来完成自己的任务。当然，当孩子遇到困难时，父母可以给予适当的建议，帮助孩子完成。

从现在开始，为孩子而变。不可否认，家长教育孩子、关注孩子、呵护孩子，已然成为孩子成长过程中不可缺少的一部分。对于很多家庭，尤其是初为人父人母的爸爸妈妈，教育孩子是件特别头疼的事情。所以在培养教育孩子的过程中，要学会先改变自己，尤其是改变自己的态度。只有这样，才能从根本上改变孩子的行为。

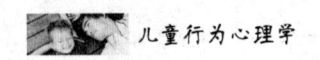

5.爱孩子，就要读懂孩子的心灵世界

　　家庭是孩子的天然学校，父母是孩子的第一任老师，因而父母对孩子的影响非常大。不同的环境氛围、家庭条件，对家庭教育方式也会产生一定的影响。但无论外在的环境如何，有一点非常重要，即父母一定要走进孩子的内心世界，读懂孩子的心灵。只有学会读懂孩子的心灵世界，才能更好地爱孩子。

　　很多父母想当然地认为没有谁比他们更了解孩子，因为孩子是自己辛辛苦苦养大的。有些父母理所当然地认为自己的经历多，以过来人的姿态认为孩子小不懂事，大事小事都要听从于父母，服从于父母。

　　所以，大多时候父母在错误的认知下，控制着孩子，不允许孩子做自己喜欢做的事情，即便是该事情对孩子的成长有帮助。有的时候还会对孩子采取惩罚措施，以此来达到让孩子听话的目的。但是，父母何曾考虑过孩子的内心世界，这样一味地按照自己的模式来培养孩子，结果只会让孩子产生逆反心理。

　　孩子小的时候，父母一味地大包大揽，将自己的观点和看法强加于孩子身上，认为父母想要的就是对孩子最好的，这种想法是不对的。所以，父母不要认为孩子年龄小就没有自己的内心想法，孩子再小也有自己的小小世界。虽然有的时候孩子的想法天真烂漫，或者在父母看来很荒唐，但确实是孩子的内心感受。大包大揽的父母表面上是在爱孩子，但是却以爱的名义，剥夺了孩子的参与权，让孩子失去了表达自己真实想法的机会。

　　诚然，父母在见证孩子身体变化的同时，也要学会读懂孩子的心理变化。因此，父母与孩子进行沟通非常重要。

　　一个寒冷的冬天，一位母亲牵着两岁大的女儿从公交车上走下来，母亲手里拿着一件厚厚的羽绒服。天气寒冷，母亲没有立即给女儿穿上衣服，而是在和女儿讨论什么问题。母亲问女儿："羽绒服一面是红色，一面是黑色，这两面穿上都会非常好看，你喜欢什么颜色呀？"女儿跟妈妈说："我喜欢红色！"

也许很多父母不会这样处理，会直接给孩子穿上衣服，但是却忽略了孩子自主选择的权利。在女儿看来，红色喜气洋洋，还有她最喜欢的可爱的小兔子的图案，而黑色感觉很压抑。尊重孩子的选择，在平时的细枝末节中了解孩子的兴趣爱好。比如，她喜欢亮丽的颜色，她喜欢动物，等等。

一位母亲打算带孩子去少年宫报名学兴趣班，母亲认为孩子学钢琴就挺好的。结果，当母亲带孩子走向少年宫时，恰巧看到一些小朋友在学芭蕾舞。孩子专心致志地盯着其他小朋友们跳舞，看得入了神，不禁也按照老师的样子跳起舞来。但是，母亲却硬要拉着孩子去报钢琴班。

这位母亲就没有读懂孩子，既然孩子想学芭蕾舞，为什么不尊重孩子的选择呢？母亲是爱孩子的，让孩子学特长，但是却没有给予孩子选择的机会，没有尊重他内心的需求。最后的结果可想而知，一定是孩子抱怨妈妈，觉得妈妈不懂自己，最后也会导致孩子不愿意学钢琴。

未来是属于孩子的。无论是幼小时候的他们，还是逐渐成长的他们。作为一个独立的个体，他们有自己的内心世界，他们也需要得到来自各方面的尊重。未来的路需要他们自己去走，只需要父母合理、正确地引导。每一位家长都希望给予孩子全部的爱，给他们最好的条件。但是，我们也不能盲目地、自以为是地将自己所想的强加给自己的孩子。爱孩子，就要学会走进他们的世界，读懂他们的心灵。

很多时候父母常常怀揣对孩子的爱，挑剔孩子的不足，希望孩子按照自己的方式走下去。成功的父母和家庭应该懂得这一理念，即爱孩子，就要读懂孩子的心灵世界。只有读懂了他们，才能给予他们更好的爱。父母可以为孩子创造一片天空，但是要让他们学会自己飞翔。没有不会飞的孩子，只有不会教的父母。所以，从今天开始，学会转变，爱孩子，读懂孩子，走进他们美丽的心灵世界。

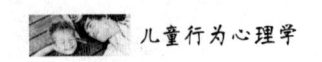

6.孩子好的行为是爱和支持滋养出来的

小雨已经3岁了，可是他有些不好的行为，让父母很头疼。平时，他一用完东西就随手乱扔，不但不物归原处，而且老忘记自己把东西扔在哪里。每天，他最爱问爸爸妈妈："妈妈，我的变形金刚放哪里了？""爸爸，我的图画书放在哪里了？"每天，爸爸妈妈做的事情就是围着他转，不是帮忙找东西，就是帮忙收拾残局。

爸爸妈妈经常抱怨小雨在家里乱丢乱放，把家里搞得乱七八糟。父母曾对小雨进行严厉地责骂，认为小雨习惯不好，小雨也曾短时间改变过状态，可过后又把玩具丢得乱七八糟，图画书也丢得到处都是。这看起来只是一件小事情，但是很有可能给孩子未来的生活、学习乃至工作带来很多麻烦。父母应该从小培养孩子好的习惯，用爱呵护孩子成长的每一步。

很多时候，父母觉得孩子某些坏行为是小时候无意识的结果，长大以后了就好了，其实不然。一些不良行为都是父母教育的问题，父母任由其发展，孩子长大后很容易让不良行为成为坏习惯。所以，父母在孩子成长阶段要学会培养孩子的好行为，用爱支持他们的成长。

言传身教，耳濡目染，父母的一言一行都会对孩子产生巨大影响，而且是潜移默化的。小到父母的洗漱穿衣，大到父母的品行，都会对孩子的言行举止产生影响。当我们要求孩子将东西收拾整齐时，首先要将自己的物品摆放整齐；当我们要求孩子不要撒谎时，首先自己不要撒谎；当我们要求孩子早睡早起时，首先自己要以身作则，给孩子树立良好的榜样。

一个温馨充满爱的家庭，往往也会潜在地影响孩子的言行举止。家是温馨的港湾，父母也要为孩子努力地营造有爱的氛围。父母的相敬如宾、礼爱有加，会让孩子感觉到家的温暖。家的温暖会让孩子心情愉悦，愿意和父母分享喜悦，也愿意和父母倾诉受到的委屈。

那么，父母又该如何培养孩子良好的行为习惯呢？

（1）循循善诱。

父母在向孩子提出任何一点要求时，要经过周密的思考，做到要求合理。比如，幼儿时代就该告诉孩子，上课的时候要安静地坐好，不能妨碍其他人上课；或者待人要有礼貌，见到老师阿姨要问好，接受别人的礼物要懂得感恩和回馈等。

（2）不断鼓励。

幼儿时代的意志力不能持久，很难长期集中，所以父母要不断地鼓励孩子，纠正孩子的不良行为。比如，当大家都在休息的时候，父母要提醒孩子看电视的声音小一点，当他下一次做到的时候，就微笑地告诉他你做得很对。

如果孩子平时很胆小，不合群的时候，父母就要尝试让孩子做一些简单的事情。比如，当其他小朋友来玩耍的时候，让他主动给其他小朋友分发玩具；吃午饭的时候，让他给大家分餐具，并且父母要经常地鼓励他，告诉他很棒。当他的行为受到鼓励后，孩子也会变得心情愉悦，会继续做，慢慢地变成习惯。

（3）矫正不良行为。

也许是一个细小的错误，会让孩子养成不良的行为习惯。有些孩子容易发脾气，躺在地上大哭大闹，或者乱摔东西；有些孩子想要某件东西时，就要他人无条件地给他，父母如果不能够告知孩子这些行为是错误的，并及时纠正，久而久之就会酿成大错，养成一些不好的行为规范。

培养孩子的良好行为是一件任重而道远的事情，需要父母落实在孩子成长的每一个环节。父母对孩子倾尽的爱和心血，会让孩子觉得不再孤单，勇敢地走完人生大大小小的道路。也许只是一个鼓励，也许只是一个赞赏，也许只

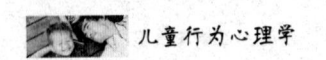

是一个微笑，都会让孩子感到满满的爱意，让孩子幸福快乐地成长。

好的行为是父母用爱和支持滋养出来的。从现在起，用爱呵护孩子成长每一步，培养孩子良好的行为习惯，让孩子健康快乐地成长。

7.父母不蹲下，孩子永远长不大

嘈杂的餐厅，一个响亮的声音，原来是一个小男孩不小心将勺子掉在了地上。男孩捡起勺子，可是勺子已经脏了，于是想再拿一个。妈妈看着男孩，指向不远处的收银台，温柔地告诉男孩："宝宝乖，宝宝最棒！自己的事情要自己完成，自己去阿姨那里要一个吧！"小男孩顺手朝妈妈指的方向扫视了一番，不情愿地小声说："哎呀，妈妈，你帮我去拿吧！"

妈妈刚开始还很有耐心地告诉男孩："就在那里，你都3岁了，自己去拿吧！"可是男孩还是不依不饶地让妈妈替他去拿。小男孩磨蹭了5分钟之后，妈妈终于忍不住了："你都多大了，拿一个勺子都那么费劲！以后还怎么办呀！勺子就在那，你是看不见吗？"

男孩当时脸刷一下就红了，噘着嘴一脸茫然地走向收银台。当他路过靠收银台不远处的一桌客人时，一位客人提醒他："从前面红桌子那里右转，你就可以看到你想要的东西了！"小男孩看了客人一眼，顿时露出笑脸，飞快地跑过去拿了个勺子回来了。

大家可以思考一下，小男孩为什么一开始不愿意去呢？因为按照妈妈的描述，小男孩根本不知道取勺子的地方在哪里。小男孩不到1米的身高，看到的只是满眼的桌椅和吃饭的人群，他根本不理解妈妈口中的"就在那里"指的是什么地方，妈妈说起来轻而易举的地方他却发现找不到。

有的时候，父母总是从自己的视角出发，认为孩子所做的事情是理所当然的，如果他们不做就会认为他们不乖。但是，我们很少发现，从孩子的视角来看，我们的要求才不可理喻。父母要解决此类问题就要学会蹲下来，从孩子

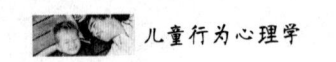

的角度来考虑一些问题。如果父母不蹲下，孩子永远不会长大。

有些父母喜欢逛商场的时候带着孩子，以为孩子喜欢热闹的地方，但是没想到孩子到商场不到一个小时，就哭着嚷着要回家。为此，父母喜欢呵斥孩子。但其实如果父母蹲下来与孩子站在同一高度看商场，就会发现原来在孩子的眼中除了货架，就是一双双的腿而已。而这样的环境只会让孩子感觉紧张压抑，才会想立马逃离现场。所以，当孩子突然紧张烦躁的时候，请不要动怒，不妨蹲下来，从孩子的高度审视周边环境，这样确实会发现一些孩子感到不开心的因素。

当孩子犯错了，我们总是喜欢居高临下地批评、数落自己的孩子，批评完孩子之后，还会对孩子说一句："记住了吗？"其实，孩子见到父母这样的状态，不仅不会接受父母的教诲，还会产生逆反心理。所以，当教育孩子的时候，父母可以蹲下来直视孩子的眼神，与他进行沟通，因为你只有通过孩子的表情才能判断你的批评是否对孩子有效。有的时候，你会发现孩子的眼神充满恐惧，而你的批评只会让孩子不知所措。这时你还发现，前一秒你还被孩子气得火冒三丈，可是当下一秒你蹲下来的时候，自己的心情在逐渐平复。或许是孩子天真烂漫的眼神、楚楚可怜的脸蛋让你化解了心中的怒气，或许是身体重心的下沉让你的心情有所改变。但不管怎样，都能够让你很好地解决问题。

当你蹲下来和孩子差不多高度时，孩子内心的担忧和恐惧都会有所缓解，他也会把实话告诉你；当你蹲下来和孩子差不多高度时，孩子会与你坦诚相见，与你分享所有的喜怒哀乐；当你蹲下来和孩子差不多高度时，孩子会把你当成朋友，真诚地沟通交流。

从今天起，学会蹲下，倾听他们的心灵世界，在潜移默化中塑造孩子的心灵，塑造他们良好的性格和品性；从今天起，学会蹲下，与孩子做朋友，不居高临下，充分信任和尊重自己的孩子；从今天起，学会蹲下，做良师，做益友。你不蹲下，孩子永远不会成长。

成长是一条曲折的道路，成长不仅仅是考验孩子，更是考验父母的一道难题。从现在起，学会蹲下，从孩子的视角看问题，陪伴孩子长大。

第二章

哭的行为：一种表达孩子意愿的特殊语言

　　每个孩子都喜欢哭，而哭的行为是孩子某些问题外在的表现，内心里一定有某种"情感"在活动。只有找准根源，对症下药，才能解决孩子哭闹的问题，拉近与孩子的距离。

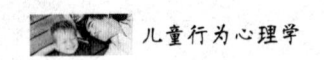

1.爱哭——是每个孩子最常用的武器

浩浩本来是个很乖巧的小男孩，成天乐呵呵的，人见人爱。最近一段时间，浩浩突然变得特别爱哭，只要遇到不顺心的事，就大哭大闹，让家里人很是无奈。他想买一件新玩具，爸爸妈妈觉得家里玩具已经很多了，没有必要再买，他就大哭大闹，没完没了；爸爸妈妈害怕第二天上学迟到，晚上不让他把动画片看完，他也哭个不停；有的时候自己不小心摔倒，本来没多大点事情，也哭个不停。

父母看到孩子伤心，心不由自主地软下来。最近几天，浩浩的哭泣愈演愈烈，连他自己做错了事也哭个不停。为什么浩浩会突然变得爱哭了呢？有一次浩浩同妈妈一起逛街时，看到了一个很炫酷的变形金刚，可是妈妈不同意买。于是，浩浩当街大哭，响亮的哭声随即引起许多过路人驻足观望和议论。妈妈窘极了，只好匆匆买下了玩具就往家里赶。从这以后，浩浩就尝到了哭的甜头。

后来，只要浩浩一哭，妈妈就招架不住，进而就会满足他的各种要求。于是，在不知不觉中，浩浩掌握了"眼泪"这个对付父母的好武器。以后，只要父母不能满足他的要求时，就会大哭大闹。

其实，大多数时候，对孩子而言，这种哭泣并非表明他们真正受到了伤害，而是想通过"掉眼泪"博得父母的关注。通过哭，他们可以引起父母的关怀和注意，可以得到自己想要得到的东西，还可以逃避许多惩罚。

从一定程度上说，真正造成孩子把"哭泣"当武器的是父母。当孩子第一次因无法得到满足而哭泣时，比如想得到某个玩具、逃避某种惩罚，让父母带自己去公园玩耍时，如果父母由于孩子的哭泣而允诺他们的要求，这就等于间接地告知孩子，只要哭泣就一定能使愿望实现。结果间接地鼓励了孩子的哭泣行为，使他们认为可以用哭泣作为武器来满足自己的要求。这样，久而久之，哭泣就成为了孩子的"法宝"，哭泣就能得到想要的一切东西。

要使孩子改掉爱哭的坏毛病，父母就不应被孩子的哭泣迷惑和软化。家长要善于识破孩子的小聪明，更不要因孩子的眼泪改变自己原来的决定。因为这样做不但会给孩子造成父母言而无信、出尔反尔的印象，影响自己在孩子心目中的威信，同时也使孩子的哭泣得到了"回报"，间接鼓励了他们的哭泣行为。父母要记住，坚持原来的决定，就是一种治疗孩子把"哭泣"当武器的行为最有效的手段。

此外，当孩子因无法得到满足而哭泣时，父母不需要去安慰他们、劝阻他们，而是要有意识地忽略他们、冷淡他们，让孩子知道，眼泪并不能解决问题，眼泪改变不了什么。或者，当时就直接向孩子明确指出，哭泣是没有作用的，让孩子主动放弃"哭泣"这一武器。这样几次之后，当孩子发现哭泣的确不能让父母关注自己，眼泪的确不能解决任何问题时，他们就会自然而然地不再用眼泪做武器了。

当孩子自己为了得到某样东西或者犯了什么错误而用哭来威胁家长的时候，爸爸妈妈不能立刻向孩子妥协，一定要坚持自己的原则，有意识地忽略他们，让他们知道哭并不能解决问题。这样孩子才会变得坚强起来！

父母要有良好而坚定的心态，不要认为拒绝孩子会造成伤害。要想培养一个优秀的孩子，那么面对他最初的不合理要求，父母一定要坚决地说"不"，不能有丝毫心软。有时，合理地退步也是良策。比如孩子想要他人的玩具时，妈妈可以这样说："这是别人的，你可以用你的玩具与他交换着玩，不过玩完后要还给人家。"

此外，让孩子自己承担责任或后果。如果孩子起床晚了，就只好让他放弃早餐，因为他要为他的行为负责。当然，父母对孩子说"不"之后，要耐心向孩子解释拒绝的理由，让他明白"不行"的道理。拒绝孩子而不给他被拒绝的理由，会让他觉得受了委屈，甚至产生焦虑、恐惧、烦躁不安和悲愤绝望的心理。虽然这种解释孩子不一定听得懂，但是至少能让他明白：父母拒绝他是有理由的。

爱哭是每个孩子常用的武器，而父母是造成孩子将哭当成武器的主要责任人。因此，在教育孩子的过程中，拒绝他们的不合理要求，才能让孩子逐渐明白哭是没有用处的，才能够逐渐明白道理，健康成长。

2.哭声抑扬顿挫——孩子在做运动

新生儿是个特殊的个体，还不会说话，所以宝宝会选择各种方式来表达自己，其中哭是一种特殊的语言表达行为。初为人父人母的爸爸妈妈如果不懂得宝宝哭声背后的真正含义，在孩子哭时，就会采取各种方式，比如哄、抱、走动、又哄又唱等来安抚宝宝，但是却无法让孩子安静下来。

宝宝是爱的结晶，父母听到孩子的哭声，内心就莫名的紧张，但若不了解宝宝哭的原因，纵使使出十八般武艺，也没法解决问题。实际上，宝宝在开心的时候也会啼哭，他们选择用这种特殊的语言告诉父母，我很健康。这是孩子一种正常的生理性啼哭，是孩子运动的一种特殊方式。

当婴儿啼哭时，张嘴闭眼，双腿伸屈，或者乱蹬，是一种良好的健身方式，并能起到多重效果：锻炼宝宝的肺活量，增加肺部运动，吸入新鲜的氧气，排出体内的二氧化碳；加速血液循环，促进体内新陈代谢，进而促进宝宝成长发育；促进神经系统发育，使条件反射逐步形成，增长智力；促进胃和肠道消化和吸收，增进食欲。

如何判断宝宝是生理性啼哭对于父母极为重要。孩子一哭有些父母就又哄又抱，这容易给孩子造成一种心理暗示，使孩子对父母产生极为严重的依赖心理。但实际上，并非如此，如果父母不能对孩子的啼哭背后的原因，则会不利于孩子的生理和心理的健康成长发育。

一般情况下，如果宝宝的哭声抑扬顿挫，非常响亮，并伴有很强的节奏感；哭而无泪，孩子睡觉、进食都非常好；每次哭的时间都很短，但频率很高。这样的话，父母宝宝远远地看着他就可以了，因为这种情况一般属于生理

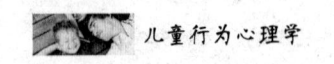

性啼哭。

必须指出的是，生理性啼哭虽然对宝宝有好处，但是哭久了也对宝宝的身心健康不利。这时，你可以轻轻地抚摸宝宝，对宝宝微笑，把他的两只小手放在腹部轻轻地摇晃两下，或者转移一下孩子的注意力，拿一些玩具逗宝宝玩耍，这样宝宝就会慢慢地停止啼哭。

有些家长认为，如果孩子一哭就去抱，就会纵容孩子的任性，孩子爱哭的行为就会受到纵容，所以理所当然认为孩子哭就不应该去管他，当他哭累了自己就停了。但实际上并非如此，如果孩子啼哭时没有得到父母合理的回应，孩子的情感和心理需求会得不到满足，反而不利于孩子的身心健康。

3.和妈妈分开时号啕大哭——患有分离焦虑

涛涛的妈妈是一所公立学校的教师，休完产假后就回到教学岗位，把他交给奶奶照看。涛涛从落地开始就是个非常皮实的孩子，从来不哭闹，很乖巧。爸爸妈妈都能够很安心地去工作，一大家子人也非常开心。

但是，最近涛涛却有了很大的转变。只要妈妈一下班回到家，就立马跑到妈妈跟前，搂着妈妈的脖子，脸蛋紧紧地贴着妈妈的脸，生怕妈妈会离开他；吃饭时，也不坐到儿童椅上，非得坐在妈妈的腿上；妈妈洗个碗，涛涛像个膏药似的拽住妈妈的衣服，生怕妈妈走了，妈妈上个厕所也要紧紧跟着；更重要的是，每天妈妈上班的时候都得奶奶从妈妈怀里使劲地抱过来，妈妈才能去上班。

涛涛这样的反应让妈妈也没有办法，工作的时候也经常给奶奶打电话，询问孩子的情况。有一次，妈妈刚进了门，涛涛就立马跑到妈妈跟前抱着妈妈，伤心地哭着，好像受了莫大的委屈似的，妈妈见到自己的宝宝这样，也不免伤心起来。奶奶看到了，也非常心疼，觉得好像亏待了这个小孩子。

涛涛这种情况在生活中屡见不鲜，称为分离焦虑。调查研究发现，宝宝从1岁左右，和妈妈分离时，就会出现分离焦虑现象。伴随着成长，宝宝已经清晰地意识到自我的存在，而此时的宝宝还处于母婴共生阶段，认为自己和母亲是一体的。一旦妈妈离开，孩子就觉得要和妈妈永远分离了。

一般情况下，孩子出现焦虑的时间是1~6岁，但在1~3岁这段时间会达到高峰。孩子大约在8个月大的时候会对爸爸妈妈有清晰的认知，并逐渐意识到自己是个独立的个体，与他人有所不同。当别人问宝宝，爸爸妈妈在哪里时，

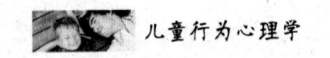

宝宝可以明确地指向爸爸妈妈所在的地方。

我们有的时候还会发现，当妈妈在宝宝身边时，宝宝也非常欢迎别人抱他、亲他，跟其他亲人甚至陌生人都玩得很开心。但是一旦妈妈不在宝宝身边，他就开始大声哭闹。在宝宝看来，妈妈是把自己扔给了其他人，永远地不要他了。但宝宝并不知道，妈妈只是暂时地离开了。

有了自我意识的宝宝，非常惧怕分离，害怕被亲人抛弃。对他们而言，短暂的分离也是件极为痛苦的事情，他们时刻想得到父母的关注。为了获得更多的爱，他们通过哭声来引起父母的注意，以获得所谓的安全感。孩子在成长阶段出现的分离焦虑是种很正常的现象，但是过度的焦虑对孩子的成长极为不利，也会给父母带来极大的烦恼。

欢欢的妈妈就很好地解决了宝宝的这种现象，让我们看一下她是怎么处理的。

第一，做好分离缓冲。

欢欢今年1岁半了，从1岁开始起欢欢出现了分离焦虑现象，妈妈觉得很心累，上班间歇还得给家里打个电话，询问一下孩子的情况。结果，妈妈发现宝宝在妈妈离开的这段时间里并没有出现大哭大闹的现象。妈妈意识到其实欢欢只是怕自己会永远离开她。为此，妈妈在每次出门前都告诉孩子，妈妈要去上班了，晚上就回来了，如果不上班的话就不能给宝宝买漂亮衣服和玩具了，妈妈上班，宝宝要乖乖的，爷爷奶奶会带你出去玩。结果，每次，宝宝都特别听话，妈妈也特别开心。

妈妈这样和宝宝沟通，让孩子意识到妈妈的离开是暂时的，而不是永远的。宝宝在了解了妈妈的离开只是一段时间后，就有了定心丸。再加上与妈妈短暂的分离时间内，有奶奶陪宝宝玩耍。这样，妈妈在无意中就逐渐地缓解了他心理震动和情感冲动。时间长了，宝宝习以为常，也能够健康地成长。但是，妈妈在与孩子分开的时候切勿流露出恋恋不舍的情况，否则宝宝会发现到妈妈的情绪，哭闹得更加厉害。

第二，继续巩固孩子的内心安全感。

其实，孩子在妈妈离开的时候会哭闹，但是在妈妈离开后却玩耍很好。欢欢就是这样子，除了每次给孩子心理暗示之外，妈妈还给予了欢欢有规律的满足和舒适的照顾。每周末妈妈都会带孩子出去玩，有空就多陪伴孩子，让孩子意识到父母并没有忽视他们，让他们感受到父母的爱。

为了让孩子健康地成长，更好地面对生存的环境，父母要给予孩子更好的照顾，不仅要满足最基本的生理需求，还要多鼓励孩子，夸奖孩子。让孩子在父母的爱中逐渐成长，在成长中不断地适应外在的环境，更加乐观、积极地面对每一天的生活。

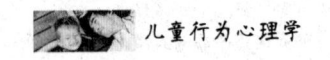

4.跌倒后大哭——依赖性强或紧张、恐惧

丽丽今年15个月，胖嘟嘟的小脸上长着一双乌黑的大眼睛，还有两个清晰可见的酒窝，外人都夸她漂亮可爱，长大了一定是个美人。丽丽的父母都在企业上班，平时特别忙，周六日还要加班，所以丽丽一般都由爷爷奶奶或外公外婆带着。

这一天风和日丽，爷爷奶奶带丽丽到公园玩耍。摆脱爷爷奶奶的束缚后，丽丽开始在草坪上跑，爷爷奶奶年龄大了也跟不上，只能远远地跟在后面。没承想，跑着跑着，丽丽不小心摔倒了。这可急坏了两位老人家，爷爷急忙跑过去把丽丽抱了起来，奶奶也紧跟着跑了过来。

爷爷奶奶不约而同地说："哎呀！我的小宝贝，摔疼了吧！快让我们看看摔坏了没有？"原本没有哭的丽丽在听到爷爷奶奶的安慰后，反而"哇"的一声开始大哭起来。这时，奶奶从爷爷手里接过丽丽，一边安慰自己的宝贝孙女，一边狠狠地拍打草坪："叫你摔丽丽，敲你，敲你！"这时，丽丽在爷爷奶奶的安抚之下才渐渐地停止了哭泣。

相信很多父母对这样的场景并不陌生。现在的父母都将自己的孩子视为掌上明珠，捧在手里怕碎了，含在嘴里怕化了，生怕孩子受到一丁点的委屈。其实，父母没有必要这样担惊受怕，这种做法也是不可取的。

儿童发展心理学家认为，孩子脱离母体是第一次分娩，而学会走路就好似经过了第二次分娩。学步是每个孩子必经的阶段，孩子的行走并不是单纯地为了行走，而是在好奇心的驱使下摆脱父母的束缚，跌跌撞撞地开始摸索新的世界。他们会从起初的试探到走路，从起初的跌跌撞撞到不管不顾地跑，对孩子而言，这既是行走，也是愿意独立打开新世界的开端。

在孩子行走的过程中，由于技能不熟练或者不小心等方面的原因，不可避免地会出现跌倒、摔跤的现象。在父母眼里，可能会觉得这会给孩子带来痛楚，但实际并非如此。有调查资料显示，孩子跌倒后并非像想象中那么疼，相反，很多孩子会觉得很有意思，很好玩。孩子越小，对外界痛楚的刺激感就越低，他们可以很快地将疼痛感转移到玩耍上去。

但是，大多数父母总是担心自己的孩子摔疼了或者摔坏了，只要孩子跌倒了就马上跑过去，一边心疼地安慰宝宝，一边诅咒那块地。当宝宝看到父母的表情和行为时，受到感染，就会产生极为恐惧和紧张的心理，于是开始哇哇大哭起来。结果就是，本来很小的一件事情，父母越哄，孩子越害怕，哭得越厉害。而且，孩子一摔倒父母就立马去扶，会导致孩子产生极强的依赖心理，认为反正爸爸妈妈会扶我，我又何必自己起来呢，进而失去了独立性。

所以，为了让孩子更加独立地探索新世界，尽量避免对外界的恐惧和紧张情绪，父母应该做到以下几点：

（1）鼓励孩子自己站起来。

当孩子摔倒后，父母首先应该观察情况，如果孩子立马站起来不哭不闹，说明孩子没有大碍；如果孩子也不站起来也不哭闹，可以试着远远地看着他，鼓励他自己站起来。这样，就会尽量避免孩子因出现恐惧而大哭的情况，以后出现类似的情况就会自己站起来，培养孩子坚毅果敢的品质。

（2）适当地允许孩子哭。

如若孩子因摔倒而哭，父母也应视情况而定，采取相应措施。若孩子伤得很重，应立马送往医院；若不严重，可以让孩子在父母的怀抱里哭一会儿，轻拍他，让他安静下来。此外，一定要注意，千万不要打压孩子，不允许孩子哭，这样会将孩子变成一个懦弱、胆小的人。

（3）教孩子学会总结经验教训。

这一步是必不可少的，如果不总结经验教训，就会在同样的地方摔倒两次，父母要引导孩子学会自我保护的方法。如果是因为碰到东西而摔倒，就要教会孩子注观察、绕道。在走路过程中，父母要引导孩子不断调整走路姿势，尽量必免摔倒。在不断地进步和总结中，培养孩子坚毅果敢、克服困难的好习惯和好品质。

摔倒并不可怕，重要的是如何处理孩子摔倒这件事情。行走是孩子所经历的第一次蜕变，这一次的蜕变非常重要，父母要注重消除孩子对外界的恐惧和害怕心理，让孩子减少对长辈的依赖，独立地去探索未知的新世界。

5.稍不如意就大哭大闹——希望获得心理满足

玲玲是一个非常爱动脑筋的小女孩，平时总是喜欢问爸爸妈妈很多问题，对未知的世界充满了好奇。但是，最近玲玲在问问题时，父母的回答稍微迟几分钟，哪怕是几十秒，玲玲就开始大哭大闹，接下来父母再怎么耐心地回答她的问题都无济于事。

当父母停下手边的事情去安抚玲玲，帮玲玲解决问题时，玲玲的注意力仍然集中在父母刚刚的态度和反应上，觉得父母不再爱他了。这种现象，令玲玲的爸爸妈妈很是头疼。有的时候，当爸爸妈妈回答完玲玲的问题后，如果她没能明白，父母也没法给予她更好的答案时，她也会大哭大闹，让父母束手无策。

琪琪最近也出现了这样的情况。从出生到3岁，琪琪一直由妈妈照看，妈妈走到哪她跟到哪，像黏在妈妈身上的膏药，拽也拽不下来。有一次，一家人在吃饭的时候，妈妈的手机传来短信的铃声，妈妈起身去拿手机，琪琪也要跟着妈妈去。妈妈拿起手机不让琪琪看，琪琪就开始大哭大闹，哭得嗓子都哑了，连饭也不吃了。结果，全家人都停下来围着孩子转，谁都没吃好饭。

玲玲和琪琪的状况是让现在很多父母头疼的问题，这种稍不如意就大哭大闹的现象实际上是希望获得心理满足的一种表现。玲玲和琪琪都希望时刻能得到父母的关注，前者希望让父母知道自己开动脑筋，探索未知的世界，后者真实目的并不是想看手机，而是希望妈妈时时在她的身边，害怕妈妈看完短信后就离开。

这种状况在一定程度上属于任性行为的一种，而这种任性是父母对孩子

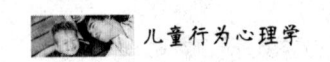

过分宽容和纵容的结果。父母在教育孩子的时候既不可强制，也不能太过顺从，否则只会适得其反。实际上，父母对于孩子的要求要区别对待，合理要求可适当满足，不合理要求就要坚决拒绝。此外，父母也必须和孩子多沟通，让孩子知道父母是爱他们的，抚慰孩子的心灵是最重要的。

针对孩子稍不如意就大哭大闹的现象，父母可以采取以下几种方式来妥善解决问题：

（1）转移注意力。

宝宝的注意力不稳定，容易分散，被新鲜的事情吸引。当宝宝执着于一件事情时，父母应该学会将宝宝的注意力从他所坚持的事物转移到其他有趣的事物上。伴随着宝宝注意力的转移，他也会随之忘记刚才的要求。

（2）提示在先。

当宝宝的任性行为形成一定规律后，可以跟宝宝事先进行沟通，约法三章，尽量减少或避免类似的情况发生。如果要带宝宝出去玩，就应该先和宝宝说："我们今天出去只能逛一个地方，下次再逛其他的地方。"答应了再带他出去。

（3）有意冷落。

当宝宝任性时，父母首先应该对其要求做出合理判断，达成一致，合理要求应该适当满足，不合理要求应该果断拒绝。当宝宝抱着妈妈哭时，做妈妈的要时刻保持理智，即使他再伤心，也不能纵容他的不合理要求。这样，宝宝就会逐渐意识到无论他再怎么任性，都不能改变父母的主意。等宝宝逐渐冷静下来，父母应该跟孩子说明原因，并给予适当的鼓励，让孩子知道父母是爱他的。

（4）榜样示范。

利用宝宝喜欢的动画片中的正面人物来加以激励，激发其克服任性的信心和勇气。

（5）适当处罚。

这是一种极为有效的教育手段。如果宝宝动不动就摔东西，家长应批评其行为，并要求其将东西捡起来；如果宝宝不愿意，你可以用不兑现帮他购买东西的承诺，或者让孩子自己反思几分钟，意识到自己的错误。

（6）适时表扬。

父母在限制宝宝不良行为的同时，还要时刻鼓励自己的宝宝，对他的每一点进步都给予物质表扬或精神鼓励。这样，久而久之，孩子就能逐渐培养辨别对错的意识和能力，知道什么是对的，什么是错的。

但是，必须指出的是，家庭教育方式必须要统一，切勿出现爸爸妈妈不同意，爷爷奶奶同意等现象，否则就会让宝宝钻空子。家人步调一致，才能逐渐地减少宝宝的任性行为，也能够让宝宝内心得到满足，明白父母的意图。

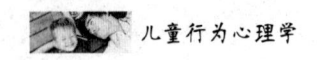

6.强忍着不哭出声——受到了极大的委屈

诺诺从小活泼可爱,每天嘻嘻哈哈,是爸爸妈妈的开心果,坚强的诺诺几乎没有在父母跟前哭过。有一次,放暑假了,诺诺闲在家里待着无聊,在得到父母允许的情况下,去市区的羽毛球场玩。父母提醒诺诺注意安全,早点回家。这可乐坏了平时热爱运动的诺诺。

换上一身轻快的运动服,带上自己心爱的羽毛球拍,诺诺开心地抵达市区羽毛球场。来到羽毛球场,看见有些人打得又好又快,诺诺心里又是羡慕又是嫉妒。很快,诺诺也找到了自己的搭档,愉快地玩耍起来。正当诺诺玩得汗流浃背的时候,她看见正前方的看台上有个比她小几岁的小妹妹,正在号啕大哭。

诺诺心里想,是不是妹妹找不到妈妈了。于是,着急地走上前去,温柔地问:"小妹妹你为什么哭呀?是不是找不到妈妈了?姐姐带你去找妈妈好吗?"小妹妹听了诺诺的话,逐渐停止哭声,站起身来拉着诺诺的手准备去找妈妈。就在这时,一个大约30多岁的妇女走过来,不管三七二十一,一下子拉过小妹妹的手,并对诺诺说:"你说你这个小姑娘,还懂不懂礼貌了,怎么欺负一个小孩呢?简直太不像话了。"诺诺听了,顿时愣了,但还是礼貌地说:"阿姨,您误会了,我是要带她去找妈妈的。"诺诺话还没说完,妇女又说:"还有什么好狡辩的!明明就是你不懂事!"说完,拉着小妹妹的手就走了。此时,诺诺也没有了玩耍的心情。回到家后,诺诺的眼泪刷地就流了下来。妈妈问她怎么了,她也只是流眼泪,强忍着不哭出声。

像诺诺这样强忍着不哭出声的现象，是受了极大委屈的表现。孩子受了委屈，也不喜欢跟他人倾诉。如果孩子不能适当地发泄自己的情绪，长此以往，会影响孩子的性格心理的塑造。孩子或隐藏自己，或逐渐地封闭自己，不愿意与其他人交流相处。

所以，父母要学会帮助孩子疏导自己的情绪，帮助孩子合理地宣泄自己的情绪。具体方法措施如下：

（1）当孩子受到委屈之后，一定要疏导孩子的情绪。

孩子受到委屈心理必定难过，这个时候孩子最需要得到他人的理解，父母应该学会疏导孩子的情绪，其中倾听和拥抱是最好的方式。

倾听孩子就是听孩子描述事情的前因后果，不给孩子意见和建议。千万注意不要还没有倾听孩子的诉说，就告诉孩子受点委屈很正常。拥抱孩子就是当孩子受到委屈的时候，抱着她，告诉他："妈妈知道你一定很委屈很难过，你想哭就大声地哭出来，想安静就在妈妈怀里睡吧。"这样，孩子就会感受到，无论发生什么事情，有父母在身边就会很温暖，很贴心。

（2）在了解事情原委后，和孩子进行沟通。

父母要记住一个原则，即先处理情绪后处理事情。很多时候，当孩子受到委屈时，父母首先要足够理智，千万不要情绪化。沟通的关键在于了解事情发生的原委，包括时间、地点、人物等，得到的信息一定要客观，确认是他人委屈了孩子，还是孩子自己的错。

（3）教会孩子通过多种方式来发泄自己的情绪。

如果孩子确实是被冤枉，受了极大的委屈，父母要教会孩子释放情绪。比如，在无人的地方大声地呐喊，去游乐场玩，写日记，等等。这样，既能让孩子合理地处理自己的情绪，而且也能够教会孩子如何处理挫折。

（4）转移孩子的注意力。

在平复孩子的情绪后，父母可以让孩子做自己感兴趣的事情，转移一下孩子的注意力，要教会孩子用一颗平常心来看待周围的事情。

孩子受了委屈，父母要教会孩子合理地发泄自己的情绪。如果情绪得不到合理发泄，有些性格内向的孩子会逐渐变得郁郁寡欢，而性格外向的孩子情绪也会逐渐变得内向，不愿意与人交流。父母要做孩子心灵的引导者，教会孩子合理地释放自己的情绪，快乐地成长。

7.哭得喘不过气来——身体不舒服

彬彬快2个月了，妈妈给彬彬换完尿布后，开始给彬彬喂奶。可是，彬彬还没有喝几口，就哭闹起来。妈妈以为彬彬不饿，就把他抱起来，可是不到一分钟的时间，彬彬又开始大哭。紧接着，妈妈抱起彬彬一边走一边轻轻摇，可是他的哭声也没有停下来，反而声音越来越大，脸色通红，小拳头攥得紧紧的，哭得都快喘不过气来了。妈妈担心孩子出什么状况，赶紧带彬彬去了医院。结果，医生诊断孩子肠胃不太舒服，开了点益生菌，这才让妈妈放心。

孩子在哭的时候，呼吸系统会因为拖长的呼气而无法充分吸气，孩子哭得越久，肺及身体内的氧气存量愈少。当然，不可否认孩子在哭的时候难免会掺杂间断的吸气动作，但是相较于呼气还是稍微占弱势。正常肺部在呼气结束时，尚存留着80%~90%的空气在肺泡内，即使短暂的停止吸气，肺内循环的血液仍可源源不断地将存留在肺内的氧气带入血液，所以不会出现喘不上气来的状况。

但是当孩子在剧烈哭泣时，肺内的空气被用力地排出体外，余留在肺内的氧气存留量相对较少，因此血液能获取的氧气量会自然地减少。此外，大声的哭闹本身就是剧烈运动的一种，身体内氧的消耗量会较平静时增加许多，因此血液中含氧量亦处于较低的状态。

孩子在哭泣时，胸壁及腹部的肌肉会用力挤压肺脏，肺内压力升高，肺血管压力升高，所以在血液循环上肺内血流减少，血液获氧能力减少，所以供给大脑和躯干的血液含氧量锐减。因此，孩子长时间的哭泣就会促使其喘不上气，脸色通红发紫。所以，当父母发现孩子哭得喘不过气来的时候，一定要引

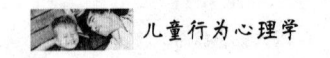

起重视。

　　父母一定要学会辨别宝宝的各种啼哭。哭是婴儿的一种特殊语言，由于孩子不会讲话，只能用哭声来表达自己的要求和感受，如冷、热、饿、湿、痛等。因此，父母一定要细心观察婴儿的表情，学会辨别不同的哭声，这样照顾起宝宝来才能得心应手。

　　一般来说，当婴儿因饥饿而哭泣时，哭声短促、高昂，带有乞求感，表情不安，头左右摇动，小嘴大张着，哭一会儿就将小手指塞到嘴里吮一阵，然后再哭。这时，大人应及时喂奶。

　　婴儿尿布尿湿了或解了大便、眼睛被蒙住、感到太冷或太热时，哭声高亢冗长，手脚舞动，拳打脚踢。当引起他不舒服的原因被解除，也就是婴儿的"要求"被满足后，他就会安静下来。

　　婴儿要人抱时，干哭而无泪，哭声断断续续，头左顾右盼。当大人走近跟他讲话时哭声就会停止，并会"呃、呃"作答。

　　孩子患病时，一般比平时爱哭闹，哭声也明显与平时不同。若患的是支气管肺炎，则哭声软弱无力，音调干燥；腹泻、腹痛时，哭声断断续续，忽缓忽急；消化不良时，多在夜间啼哭，并躁动不安；喉咙水肿时，哭声嘶哑。如有上述情况，应及早到医院检查治疗。

　　对于不是因为疾病引起的，而是由于需求原因引起的，特别是由于要求抱而啼哭时，可以适当让婴儿多哭一会儿，运动运动，利于生长。

第三章

肢体行为：透露出孩子内心深处的秘密

　　你是否发现你的孩子有一些奇怪的小动作？并为之而苦恼？其实，只要仔细观察，便会发现，孩子的各种肢体行为里都隐藏着他们内心的一些小秘密。要想走进孩子的内心，擦亮你的眼睛吧！

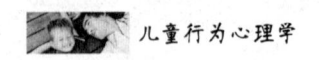

1.好动——是每个孩子的天性

3岁多的晨晨自从会走之后，让家人很是苦恼。每天从起床到晚上睡觉，就没有一刻安静的时候。家里高高低低的地方都被爬了个遍，也被他玩弄得乱七八糟。有的时候，他还跟家里人玩捉迷藏，动不动就钻到衣柜里，家里的人都怕他摔着磕着。

每次出去更是令父母胆战心惊。爸爸妈妈带他去商场的时候，他总是在电梯上蹦来蹦去，要不然就是趴在栏杆上不下来，经常遭到工作人员的责备。有一次，爸爸妈妈带他去公园的时候，他不听父母的劝告，非要翻越栅栏，结果一不小心从栅栏上摔了下来，头上摔了一个大口子，还缝了几针。从此之后，晨晨的爸爸妈妈带他出门总是提心吊胆，害怕孩子因淘气受伤，甚至一度怀疑他有多动症，苦恼不已。

诸如晨晨这样特别好动的孩子在日常生活中很常见，有些父母觉得孩子太过活泼好动，觉得他们或患了多动症。其实，身体好动是每个孩子的天性，是孩子精力旺盛、身心健康的表现。如果晨晨的爸爸妈妈将孩子的好动误认为多动症，则会对孩子的健康发展产生极为不利的影响。因而父母千万不要通过主观臆断，而是要由正规的医生来判断，若确诊患有多动症，就必须及时加以治疗。

一般情况下，正常的好动与多动症的异同表现在以下几个方面：

（1）注意力集中程度不同。

正常好动的孩子，虽然也存在注意力不集中的现象，但是对自己感兴趣的事情却能专心致志，竭尽所能去完成；相比之下，多动症的孩子对自己感兴趣的事情也不能专心致志，并且很容易受到外界各种因素的影响，做事拖拖拉拉，半途而废。

（2）自我控制能力不同。

正常好动的孩子可能只是在家里、或者家人的陪伴下、或是熟悉的场合好动，但是在陌生的场合或者严肃的场合下能够安静下来，并且容易控制自己的好动行为；多动症的孩子无论何时都比较冲动，无法左右自己的行为，特别是幼儿时期。幼儿时期的他们喜欢动不动就发脾气，易与其他小朋友发生冲突。值得一提的是，他们并不是故意要表现出某种行为，而是不能控制自己的行为，甚至做出一些匪夷所思的行为。

（3）好动和多动表现的时期不同。

孩子好动一般发生在幼儿时期，并且伴随着年纪的增长逐渐减轻；而患有多动症的孩子一直都处在好动、注意力不集中、易怒的阶段，随着年龄的增长，不会有明显改善的状况。

所以，做父母的不能盲目地将孩子的好动误以为是多动症，要读懂孩子好动背后的心理需求。或是想通过自己独特的方式来接触成人早已熟知的世界，来了解各种外在的事物和环境；或是天生就是活泼好动的性格，情绪和专注力在幼年时期极为不稳，但长大之后就逐渐好转；或是希望用各种方式来赢得父母的赞赏，让父母见证其成长的每一步；或是希望通过好动来引起父母的关注，得到父母的爱。

如果孩子活泼好动，父母必须首先弄清楚一个概念，即好动是每个孩子的天性，千万不要因为他的淘气就阻止他的运动，并对他生气发火。医学家经过实验论证，孩子好动具有强身健体的作用。所以，父母应该理性地看待孩子的好动，正确引导：

首先，要让孩子痛快自由地玩耍，最好保持每天可以陪伴孩子在室内或室外的玩耍时间，让孩子的精力得到充分的发挥。这样，既能保证孩子的健康成长，也有利于培养孩子的稳定情绪。

其次，多多陪伴孩子。现代都市快节奏的生活让父母每天忙于工作，忽

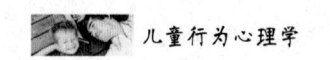

略了对孩子心灵的陪伴。闲暇之余，父母可以陪伴孩子或做些手工，或者画画，培养孩子的注意力和控制能力。

最后，订立规矩。在顺应孩子好动天性的时候，父母也要适当地为孩子订立一些规矩，比如什么该做，什么不该做。有的时候，可以用一些奖惩的方式来帮助完成任务，父母要做的是让孩子明白是非观，并对自己做的事负责。

每个孩子都是的天使，而好动是每个孩子的天性。活泼好动的他们健康成长，在欢声笑语中度过了每一天的生活。然而，父母所应做的不仅仅是正确区分好动与多动，更要正确地引导孩子，在解放天性的同时更加专注，更加快乐。

2.手部小动作——体现"大心事"

相信爸爸妈妈特别喜欢抚摸宝宝肉嘟嘟的、稚嫩的小手，温柔的爱抚像是给予孩子一颗定心丸，减少孩子对未知世界的恐惧，达成心灵上的沟通。但是，父母在抚摸孩子小手的同时，也要学会观察，因为小宝宝们喜欢用小手来表达意图。

细心的家长会发现，大多刚出生的宝宝喜欢紧握拳头。从生理角度来讲，宝宝的神经系统等各方面还不成熟，高级中枢的调控还没有完成，所以一般表现为屈肌紧张，故而才有了握拳、弯腿等动作。所以，爸爸妈妈不需要担心此类情况，而是要学会引导宝宝打开紧握的小拳头。

父母越早打开宝宝紧握的小拳头，越早能够帮助宝宝开启智慧之门。宝宝手的动作，有助于促进儿童成长发育。当宝宝手指分开后，就可以随意地摆弄各种东西。宝宝还会主动接触新鲜事物，从事各种活动，从而使得感知觉能力得到很好的发育。

当宝宝紧握拳头时，父母要轻轻地告诉宝宝："宝宝乖乖，打开自己的拳头，让手指伸展出来"，这是第一步；喂奶的时候轻轻地把宝宝搂在怀里，大手握着小手，轻轻地抚摸，让宝宝的小手感触妈妈手的温暖，体验爱的味道；洗澡的时候记得洗宝宝的小手，一边清洗一边摩擦宝宝的小手，并告诉宝宝："小手真香呀！"这样可以让宝宝感到无比的轻松。有些家长发现宝宝在睡觉的时候也会握住拳头，这个时候当然就不要打扰宝宝了。

当宝宝睡醒后，张开手并向前伸展，这说明他是在邀请自己的父母和他一起玩耍。有些家长理所当然地认为对新生儿，只用维护他们的生理需求即

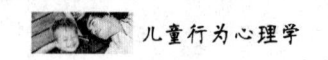

可，其实不然，当宝宝手指展开时，父母一定要做出及时回应，陪伴他玩耍，或者用玩具哄他开心，让孩子的情感需求得到满足。

有些家长发现宝宝在两三个月的时候喜欢用手抓自己的脸，抓妈妈的头发，抓衣服，抓任何在他身边的东西，所以他们对宝宝采取了防护措施，带上小手套，以避免宝宝被自己抓伤。其实，这样完全是错误的，这不仅会阻碍宝宝运动能力的发展，还可能会影响宝宝的健康成长发育。如果你怕宝宝抓伤自己或其他人，记得给常宝宝剪指甲就好了。

宝宝八九个月的时候，开始喜欢玩弄各种东西，玩泥巴、玩水、撕东西、拽东西，等等，吃饭的时候不喜欢爸爸妈妈喂，喜欢自己抓着吃。有些爸爸妈妈怕孩子把衣服弄脏，就禁止他们这样做。实际上，这是剥夺了孩子认识世界、探索世界的自由。

他们通过手来探索未知的世界，来感知身边的物体，在探索中掌握了生活技能，这是一个由简单到复杂的过程，也是一个需要父母配合的过程。父母在引导孩子的同时，也要学会让他们独立地认知世界，锻炼思维。

宝宝快1岁时，看到各种东西都喜欢敲一敲，比如筷子、勺子、棍子。有些父母觉得他是在捣乱，怕他们伤了人或是敲坏东西，便极力阻止。其实，宝宝正是通过敲打来辨别声音的不同。各种物体不同的声音可让宝宝感知不同的音色，并通过一段时间的敲打，学会控制敲打的力量，使其身体动作各方面协调发展。

有的时候，宝宝喜欢张开双臂拥抱爸爸妈妈或是亲人，实际上这是宝宝表达爱意的一种方式。当宝宝张开双臂扑到对方的怀里时，正是宝宝告知他人，我喜欢你的一种表现，而家长也应该回以同样的方式，让宝宝的情感需求得到满足，切勿让宝宝觉得你冷落了他。

总而言之，作为父母要读懂宝宝的手势语言，才能更好地了解宝宝的想法和需求，更好地呵护、爱护自己的宝宝。千万不要理所当然地阻止其各种所谓的不好行为，合理地因势利导才是良策。

3.眼睛——表达多种意义的器官

眼睛是心灵的窗口。研究发现，眼睛是幼儿表达多种意义的器官，可见父母通过宝的宝眼睛来洞察背后的生理与情感需求极为重要。德国著名心理学家梅赛因曾说："眼睛是了解孩子最好的工具。"对于幼儿时期的孩子更是如此，他们会将诸多情绪表现在脸上。因此，父母应该学会观察宝宝的眼神，从眼睛中读懂他们的内心世界。

当宝宝双眼目不转睛地盯着某物，说明他之前从来没见过此物，对其表示好奇。如果父母按照自己的思路走，不能窥探宝宝眼中的含义，强行将他抱走，孩子必定会大哭大闹，表示对父母的不满。实际上，正确的做法应该是顺着宝宝的视线，找出其所关注的事物一探究竟。然后，父母需要根据实际情况为宝宝解惑，告诉宝宝物体的名称，或者尽量满足其需求。这样做的目的不仅仅是为了开发宝宝的探索欲，更是为了培养其专注力和注意力。

鑫鑫今年3岁了，周末爸爸妈妈带着鑫鑫到游乐园玩耍。平时忙于工作的爸爸妈妈第一次陪伴鑫鑫去游乐园，鑫鑫非常高兴，玩得不亦乐乎。父母陪鑫鑫玩了一上午，便找个地方休息。爸爸去买吃的东西，其间妈妈发现鑫鑫一直盯着前面看，也不知道在看什么，妈妈跟她说话她也不回答。

这时，爸爸买东西回来了准备让鑫鑫吃东西，没想到，爸爸一抱起鑫鑫，鑫鑫便开始打爸爸，哇哇地哭个不停。这让妈妈很是无奈，也不知所措，只能想尽各种办法来哄她，但都无济于事，鑫鑫哭得就像受了莫大的委屈。

鑫鑫的妈妈就没有能够读懂孩子眼神的含义，其实孩子只是看到一个小朋友手里拿的棉花糖，觉得很新鲜。而忙于其他事情的父母却未能从孩子的眼

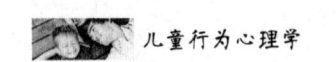

神中看出其真实目的。所以，才有了孩子大哭大闹的情况。反过来，如果他们留给孩子足够的时间，顺着孩子的眼神，观察孩子注意力集中的地方，并且告诉她这是什么，或者给孩子买棉花糖，孩子也不会大声哭闹。更重要的是，鑫鑫会觉得爸爸妈妈是爱她的，愿意满足她的情感需求。

当宝宝的眼光充满了无以言表的喜悦之情，说明宝宝正在享受无限乐趣，或是环境的舒适，或是妈妈的温暖等；当宝宝盯着一件事物不停地眨眼睛，说明他对这件事物充满了兴趣；当宝宝只扫一眼某个事物，说明他对该事物不感兴趣；当宝宝的眼神无光，他人怎么逗他，他都不感兴趣，说明宝宝需要休息了。其实，读懂他们的内心世界并不难，只要认真观察，都能明白宝宝的心事。

当然，父母必须要注意的是，有的时候宝宝的眼睛也是洞察宝宝身体健康与否的信号。

一般而言，健康宝宝的眼睛总是明亮有神。如果宝宝最近出现了眼神呆滞、无光的现象，很有可能是疾病的信号，父母应该及时带宝宝前往医院就诊，以免错过了最佳的诊治时间。

当宝宝频繁眨眼时，父母应该看看是否有异物入眼，如果不是，应该请医生诊断是否有轻微角膜炎、眼睑结石等病症；如果宝宝喜欢躲在阴暗中，不喜欢有光的地方，不愿意睁开双眼，则应该请医生诊断是否是红眼病、水痘等疾病。

如果宝宝时不时地流出眼泪，有时多有时少，并非宝宝因为开心或难过而哭，很可能是因为上呼吸道感染所导致的疾病。而且，医学研究表明，流行性感冒、风疹、鼻炎、鼻窦炎等疾病大多会出现流泪现象。当然，父母不用过于担心，也不要盲目用药，应该等确诊之后及时治疗。

如果宝宝的眼球及眼皮发红，并且伴有黄白色分泌物，这种情况大多为流行性感冒和麻疹初期的表现。此外，红眼病、风疹、猩红热等疾病在发病的过程中，也会有不同程度的红眼现象。

无论是读懂孩子眼神背后的心理或生理需求，还是发现孩子健康与否，都要学会观察。在观察中，读懂孩子内心世界，满足孩子的情感需求；在观察中，预防疾病，陪伴孩子健康成长。

4.微笑——心里藏着一个"大玄机"

相信身为人父人母的每一位爸爸妈妈看到宝宝天真烂漫的笑容时,都会觉得心被融化了,也会积极地给宝宝一个回应,笑得合不拢嘴,特别是在宝宝出生的第一年里。微笑,不仅仅是宝宝向爸爸妈妈表达快乐的心情,也是成长中极为重要的时刻。

笑作为人类情绪的基本反应,与人类生理需求的满足密切相关。当宝宝的生理需求得到满足时,他们会表现出十分愉悦的心情,给爸爸妈妈一个甜甜的微笑。不仅如此,当宝宝觉得外界的环境安全舒适,就用微笑来表达自己的满意心情。

笑不仅仅是宝宝表达情绪的一种方式,更是宝宝与父母交流的最原始方式。对于刚出生还没有掌握生存方式的宝宝而言,微笑尤为重要。他们用微笑向父母传递自己的身体和心情状态,并与父母互动,告诉爸爸妈妈自己喜欢这样的生活状态。随着宝宝的健康成长,微笑也是一种无可替代的交流方式。

笑是一种积极健康的交流方式,医学研究表明,笑可以锻炼身体,促进人身体各细胞、器官的均衡发展。婴儿在笑的时候,面部表情肌就会运动,身体肌肉也会参与进来,对心脏、肝脏等诸多器官起到锻炼的作用。科学研究表现,婴儿大笑情况下,呼吸换气值约是静止状态的3~4倍,所以爱笑的宝宝大多身体健康。

从心理健康层面来讲,爱笑的宝宝长大成人后必定性格开朗,乐观向上,人际交往能力较强,并且乐于探索。美国科学家调查研究发现,不爱笑的宝宝长大后大多性格内向,羞怯,不善于表达自己,甚至出现性格孤僻的

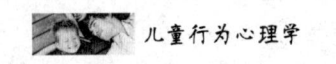

现象。

笑在促进宝宝身体健康发展的同时，还能感染周围的人。宝宝每天微笑地对待身边的人，会让他们有满满的幸福感，特别是妈妈。宝宝对妈妈笑，妈妈会切身感受到宝宝的内心，从而更加疼爱宝宝，时刻关注宝宝，也在一定程度上减少母亲产后抑郁的情况。

一般情况下，宝宝的笑大致经历了三个阶段：

（1）自发性微笑。

一般发生在儿童刚出生0～5周，也称为"天使之笑"。这种微笑大多是在外界没有刺激的情况下发生，大多发生在熟睡和困倦时。当宝宝的精神状态良好，且感觉到外界的环境舒适时，也会自然而然地出现面部表情变化，称为"无人自笑"。而且，更有趣的是，女孩的微笑在一般情况下比男孩多。

（2）无选择的社会性微笑。

5～6周的宝宝，能够区分社会性和非社会性刺激，对人声和人脸有了最初的选择，会无选择性地对人或物微笑。当妈妈用手轻轻地接触他的小脸蛋，或者抱他、亲他时，宝宝会给妈妈一个甜甜的微笑。宝宝可以通过辨识声音或面部表情来选择微笑。

（3）有选择的社会性微笑。

9～12周的宝宝分析能力逐渐增强，对不同的人呈现不同的微笑，比如宝宝对从未谋面的人就会觉得陌生，用啼哭来表达自己的心情；或者宝宝对陌生的环境不熟悉，也会选择啼哭。当宝宝选择对他人或外界的环境微笑时，不仅仅是自我精神发育的第一次飞跃，同时也是宝宝人际交流的第一步。

当宝宝6～9个月时，对外界的东西已经非常熟悉，不会因为再认出某人或物而微笑。此时的宝宝渴望与爸爸妈妈分享喜悦的心情，特别是自己成功地完成一件事情之后，希望得到父母的认可，这时父母要给予积极的回应，帮助孩子树立信心。

1岁的宝宝希望通过笑容来告知其对外界的需求，因此父母要时刻关注孩子的成长，读懂宝宝笑容背后的含义。与此同时，宝宝的笑脸也是了解其身体状况的晴雨表，如果宝宝不爱笑，表情严肃，可能是因为身体缺铁造成的，这时应该及时前往医院做一个微量元素检查。

微笑是宝宝表达生理需求和心理需求的一种语言，父母要学会洞察宝宝心理的需求，陪伴孩子健康成长。

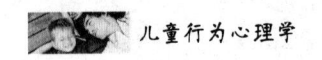

5.下巴——不会说话也有千言万语

下巴又称下颚，位于人的口腔下方，是人类的本能象征，与人类的意识关系密切。小小的下巴动作虽然极为细腻，但却能左右他人的印象。下巴也是孩子表达自己情绪的一种方式。有研究表明，下巴是生理与心理学家研究最为透彻的一个部分。

下巴虽然并不属于五官的范畴，但对人的脸部的整个轮廓线条等有着很重要的影响。下巴不仅能够辅助人的发声和咀嚼，我们也同样可以通过观察人的下巴大致了解此人的性情。另外，下巴的某些小动作，也会向我们阐释一个人的心理活动和情绪。

著名文学家矛盾在《林家铺子》中写道："摸着自己的下巴，商会长又笑了笑。"茅盾的这句话意在表述会长对其所说的话及事情的考量，同时抚摸下巴的动作也表达了此人是一个做事极为谨慎的人。可见，下巴也存在奥秘，不会说话也有千言万语。特别是当孩子还不能完全用语言来表达自己的需求时，父母也要学会观察孩子下巴的动作。

小下巴轻微抬高，胸部和腹部轻微突出，说明宝宝当时内心骄傲，会因为当时父母的夸奖而内心愉悦，非常高兴；也会因为当时父母的批评而不屑一顾。这个时候的宝宝自尊心很强，父母要注意引导，因为此时任何的表扬都会让孩子感到非常优越，而任何的批评都会让其不屑一顾。

小下巴缩回，貌似驼背，说明当时孩子个性懦弱、气馁。此时，他可能会因为一件事情没有完成，感到挫败，也会因为害怕人或事情，不愿意去做一件事情。如果这个时候父母认真地观察孩子，会发现其眼珠可能向上翻滚，意在表明自己的不自信或害怕。

小下巴微微下坠，说明孩子此时非常认真，心情又极为放松。这种情况一般发生在孩子适应外界的环境，或者意识到外界的环境极为舒适的情况下。除此之外，他们还会给父母一个甜甜的微笑，告诉他们自己心情愉悦，心理和情感上的需求都得到了满足。

小下巴伸长，从生理层面而言，说明小孩子处于极度疲乏的状态。这个时候，父母要尽量为孩子营造休息的环境，让孩子可以休息；从心理层面而言，伸长下巴属于有攻击意图的行为，这个时候宝宝可能脾气急躁，有想打人的冲突。这个时候，父母就要观察孩子，看看孩子是否存在身体和心理需求得不到满足的现象。

小小的下巴，内心隐藏着极为复杂的情绪，除此之外，孩子还会用手抚摸下巴，来表示自己的情绪。

当父母或其他人说话时，有些孩子会有摸下巴的习惯，他会一边倾听别人说话，一边抚摸下巴。如果母亲在教育孩子的过程中出现这样的情况，基本上可以说明孩子在认真听你说话，并且大脑中已然有自己的想法和观点。此时，父母可以适当地询问孩子的想法和观点，与孩子沟通交流，并且要尊重孩子的合理要求和想法。有些孩子喜欢双手托下巴，也是孩子在认真听取他人讲话的一种内心活动状态。

小下巴，大心事，尤其是对于刚开始还无法用语言来清楚地表述自我意图的宝宝而言。为人父母首先要学会观察，在了解了宝宝的意图之后，或者满足孩子的身体和情感需求，或者与孩子沟通，了解孩子的想法和观点，更好地从身体和心理上关爱宝宝。

下巴虽然不会说话，但是也有自己的奥秘。小小的下巴，告诉父母自己内心所想，内心所思。父母在必要的情况下，可以学习一点行为心理学，从而更好地了解孩子的内心世界，更好地陪伴孩子健康、快乐成长。

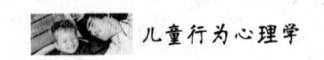

6.吸吮手指、啃咬指甲——进入口腔敏感期

爸爸妈妈经常发现4个月大的宝宝会有这样的现象，或是吸吮小拳头和小指头，或是啃咬指甲和其他东西。其实，这是宝宝发育过程中很正常的生理现象，是宝宝发育过程中应该有的本领。有些时候，爸爸妈妈觉得这是孩子的不良习惯，加以阻止。实际上，这是极为错误的行为。

宝宝吸吮手指、啃咬指甲，并非是因为宝宝没吃饱，以此方式来告知爸爸妈妈自己饿了，也并非是宝宝觉得爸爸妈妈冷落了孩子，缺乏爸爸妈妈的关照和体贴，内心感到孤寂。细心的爸爸妈妈会发现，有些孩子进入幼儿园、小学仍然改不掉吸吮手指、啃咬指甲或其他物品的行为。

从生理发展角度而言，这都与孩子进入口腔敏感期有关。有些父母担心孩子长此以往嘴会发生变形，这种想法是多余的。婴儿出生后第一年称为"口腔期"，是身体、心理发展的一个重要阶段。他们强烈需要获取口腔的舒适，尤其在睡觉时更为明显。

宝宝即使吃饱了，也会吸吮手指，因为对宝宝而言，吸吮手指带来的满足感和吃母乳的感觉是不一样的。除此之外，宝宝吸吮手指、啃咬指甲还有以下原因：

（1）智力发展的表现。

伴随着宝宝的不断长大，其手指功能也逐渐开始分化，初期的手眼协调能力也逐渐显现，2~3个月的宝宝已经开始能支配自己的小手了。当宝宝真正把手指放在嘴里吸吮的时候，说明宝宝的运动肌群与肌肉控制能力已经互相配合、互相协调了。这是宝宝智力发展的表现。

（2）需要获得满足感。

2~3个月的宝宝正处于口腔敏感期，此时的宝宝喜欢含着妈妈的乳头或是小手睡觉。对于宝宝而言，有东西放在嘴里会有安全、舒适感，而这种吸吮、啃咬的需要得不到满足的时他们会感到不安，心情烦躁，父母不要强行制止。

（3）享受快乐的需要。

著名的心理学家弗洛伊德和埃里克森认为，宝宝吃手的活动属于人类需要快感的自然反应。孩子的吃手类似于成人的情绪，可以消除宝宝的不安和紧张等情绪，具有镇静作用。

那么，当宝宝出现吸吮手指、啃咬指甲等行为时，父母应该如何做呢？

首先，父母不要强行制止。当宝宝正在甜甜地吸吮他的手指时，家长不要强制性地将宝宝的手从嘴里拿出来。因为这样不但不会制止宝宝吸吮手指的行为，还可能挫伤宝宝的自尊心。

其次，让宝宝享受吸吮的快乐。妈妈尽可能用母乳喂养，让其充分享受吸吮的快乐。在断奶前，及时添加辅食和配方奶粉，逐渐过渡，让宝宝从身体到心理慢慢适应这个过程。切忌突然断奶，这样会让宝宝内心充满焦虑，没有安全感。

第三，给宝宝小嘴找个依靠。当宝宝吸吮手指时，给宝宝一块磨牙饼干，或者用安抚奶嘴和磨牙棒来代替小手。但是，妈妈要注意清洁和消毒，保证口腔安全和卫生。

最后，转移注意力。当宝宝一直吸吮手指时，父母可以亲亲宝宝的小手，或者将宝宝喜欢的玩具递给他，让他玩一会儿，也可以喂宝宝喝一些水。

总之，父母要学会放手，让孩子依靠口腔去探索世界，试图管住宝宝吸吮手指的行为是徒劳的。此时，父母要做的是尽量分散其注意力，避免宝宝把吸吮手指变成习惯性行为。如果能够顺利渡过口腔敏感期，以后便不再会去用嘴啃咬食物之外的东西。

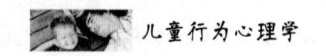

7. 不断跺脚——是在表达自己的不满

茜茜小的时候，脾气特别大，很多时候稍微不如意就哇哇大哭。断奶之后，家人喂其喝奶粉就成了一个大问题。每次喝奶粉，奶粉还没有冲好，她就急得哇哇大哭。慢慢地，茜茜开始懂事了，喝奶粉的时候妈妈跟她解释让她等一等，她的脾气才有所改变。

但是，伴随着年龄的增长，她知道的事情也越来越多，不满足的事情也越来越多。这种现象在她会走路之后愈发明显。不管什么事情只要没有立马去做，或者让她不满意，她就开始跺脚。如果这种行为没有得到父母的关注，继而会变本加厉，躺在地上哇哇大哭。

有一次，爸爸妈妈晚上九点钟才回到家。茜茜听到爸爸妈妈的声音后，就立刻从卧室里跑出来。一看见爸爸妈妈正准备吃晚饭，她先是使劲地跺脚，紧接着就把自己的手放进嘴里，还没等爸爸妈妈反应过来，就一屁股坐到地上哇哇大哭起来。

妈妈见状，跑到茜茜跟前，蹲下来，问茜茜："宝宝是饿了，想喝奶粉了是不是？"茜茜用手指指她的小肚子，说："饿，饿！"妈妈温柔地告诉茜茜："来，妈妈给你冲奶粉。"兑好奶粉后，茜茜自己从地上爬起来，抱起奶瓶喝了起来。

宝宝一岁多之后，不论是从体力，还是智力层面来讲都取得了突飞猛进的发展。在宝宝智力发展的过程中，情感、心理需求也逐渐增加。但是，他们仍然无法用语言来表达自己的需求。当他们对某些事情感到不满时，就只好通过跺脚这一行为来发泄自己心中的情绪。

也许在很多父母看来，宝宝就是任性，耍脾气，无理取闹，才逐渐染上了这个坏毛病，稍有不满或者不顺心就不停地跺脚。有些父母选择置之不理，或者只是询问孩子的意图，但这样的处理方式并没有使宝宝满意，反而更激发其不安和烦恼的情绪，让他的脚跺得更厉害，甚至躺在地上哇哇大哭。

有些父母不能理解宝宝的这种行为，对宝宝严厉训斥，甚至动手。其实，父母应该树立这样一种认知，跺脚是一岁半宝宝容易出现的普遍现象。宝宝一岁半左右时，思维相对于之前更加活跃，但是语言表达能力较差。当宝宝急于想做某事，而语言表达不清楚，但父母又不能理解孩子的意思，他就会用跺脚来发泄不满。

跺脚往往是孩子大发脾气的前奏。那么，父母又该如何处理此类情况的发生呢？

（1）弄清楚孩子不满的原因。

比如，孩子在玩拼图的过程中遇到困难，这个时候宝宝跺脚，妈妈一方面要安抚宝宝情绪，告诉他宝宝非常棒，让其慢慢拼；另一方面也要适当给予帮助。如果宝宝的不满情绪得到了疏解，那其自然会停止跺脚。如果宝宝的要求不合理，那妈妈自然不能放纵宝宝。这个时候，妈妈要明确告诉宝宝，这种行为是不可以的，并适当地讲解可能产生的后果。

（2）想办法转移孩子的注意力。

如果妈妈不能满足宝宝的不合理要求，而宝宝不听，继续跺脚或者躺在地上大哭以表示自己的不满时，妈妈可以利用平时他喜欢的东西吸引他。如果宝宝还是哭闹，那么妈妈也可以采取不理会的态度，让孩子意识到这样无济于事，那他下次就不会这样了。

（3）用爱、包容和耐心来教育孩子。

一切未知的事物都是新奇的，在探索世界的过程中，他们会提出各种要求，合理的、不合理的，而父母要做的是用足够的耐心来包容孩子，包容孩子的小脾气，耐心地跟孩子讲解不可以的理由，让孩子的不满情绪得到合理的释放。

幼儿阶段孩子表达情绪的方式多种多样，其中跺脚是孩子表达不满情绪的一种。孩子跺脚是一种正常的、普遍的行为心理。父母要做的则是因势利导，学会倾听，用耐心来理解孩子的不满，让孩子更好地感受父母的爱。

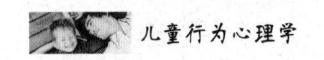

8.低头不语——持反对态度或不感兴趣

小叶今年5岁了，聪明伶俐，活泼可爱。有一次，爸爸妈妈带小叶去旱冰场玩。爸爸妈妈觉得孩子一个人就可以了，就在旱冰场外等孩子。过了一个小时之后，与她同行的小伙伴们都出来了，可是还是没见小叶的身影。小叶的朋友告诉他们刚刚滑旱冰的时候小叶不小心撞到了一个小孩子，被孩子的家长骂了，而且话很不好听。

小叶的爸爸妈妈随即进入旱冰场，发现小叶正坐在休息区，低着头，手里拿着喝过的矿泉水瓶来回在地上磕。爸爸妈妈问她究竟是怎么回事，她也不吭声，只是点头或摇头。爸爸妈妈心想小叶在家里就很少被家长批评，现在被其他人批评了，心里一定很难受。但是，小叶没有哭，只是低头不语。

待小叶情绪平复后，妈妈告诉她，好不容易来旱冰场一次，让她再滑一会儿，可是她怎么也不想玩了，于是跟着爸爸妈妈回家去了。第二天，小叶告诉妈妈："妈妈，我滑旱冰的时候可小心了，是那个小孩子冲过来的！我不是故意的，可是那个小孩子的妈妈非说我是故意的。"妈妈听了小叶的话，这才明白孩子的心境。

在上述案例中，小叶善于交际，活泼开朗，而在遭到了他人的"诬陷"之后，低头不语，不愿与他人交流，实际上是表达自己的一种反对态度，对另一个孩子的父母对其的辱骂表达反对和不满的心情。当小叶无力辩解，无法用语言阐述自己的心情时，就选择缄默。

两岁的甜甜现在正处于学说话的阶段，在家里爸爸妈妈、爷爷奶奶都会叫，还能说一些简单的词汇。可是，只要一出门，见到陌生人，妈妈总是说：

"乖宝宝，叫阿姨！"甜甜低头不语，任凭妈妈怎么哄，她都不说话。但是，只要一回到家，甜甜就活蹦乱跳，这让妈妈也很是无奈。

学说话的甜甜亦是活泼可爱，在家里甜甜地叫爸爸妈妈、爷爷奶奶，但是一出门见到陌生人，就低头不语，不愿意与他人交流，实际上这是孩子对他人不感兴趣的表现。比起陌生人，她更愿意与亲近的人在一起展现其学说话的过程。

上述两个案例中的孩子低头不语，或是持反对态度，或是对事情不感兴趣，都是孩子表达情绪的一种方式。那么，父母该如何处理孩子们低头不语的现象呢？

（1）具体问题具体分析。

父母应当先积极探索孩子低头不语的原因，然后再根据具体的原因采取相应的对策。父母要做一个有心的人，看看孩子是因为不赞成他人的意见，持反对态度，还是因为对事情不感兴趣。在清楚了原因之后，再采取相应的措施才能达到事倍功半的效果。

（2）让孩子表达自己的想法和观点。

很多时候，诸如小叶这样的现象，因为受了冤枉，无力辩解，所以才情绪低落，选择低头不语来表达自己的心理状况。所以，无论什么情况，父母都要鼓励孩子勇敢地站出来，阐述自己的意见和看法，这也能够为孩子以后的独立自主奠定基础。

（3）鼓励孩子探索外面的世界。

孩子慢慢成长，必然要接触外面的世界。父母要让孩子独立探索外面的世界，让孩子慢慢地适应外面的世界。这样，宝宝在探索未知的世界时，会激发自己的求知欲和好奇心，才会主动地表达自己的想法和观点，而不是缄默。

（4）区别看待孩子的行为。

每个人都是不同的个体，都拥有不同的个性特点。有些孩子可能比较内向，不善于表达自己，特别是当自己受了委屈后，更不知道如何向父母或者外人表达自己。因此，父母要有足够的耐心和细心，或者与孩子多谈心，或者多

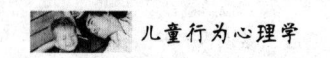

陪伴孩子玩耍，让孩子勇敢地去接受他人，接受外面的世界。

　　孩子低头不语并不是一种心理疾病，而是孩子表达自我情绪的一种正常的表达方式。为人父母应该积极帮助孩子，让孩子敢于交流，敢于表达自己的想法和观点，让孩子更加积极地去探索外面的世界。

第四章

语言行为：听出孩子所要表达的弦外之音

孩子的口无遮拦并不是他在有意与人作对，而是内心活动最直接的一种表现。你想了解孩子、听出孩子语言中的弦外之音吗？那么，请给自己安上一双善于倾听的耳朵吧！

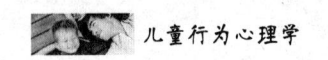

1."我是从哪里来的"——出现第一个迷惑期

4岁的欢欢最近总是缠着爸爸妈妈问："爸爸妈妈，我是从哪里来的？"爸爸妈妈告诉欢欢："宝贝，你现在还小，等你长大了就会知道啦。"欢欢说："可是我现在就想知道呀！"面对不依不饶的欢欢，爸爸妈妈也很是犯难，不知该如何告诉孩子。

相信所有的父母都被孩子问过这样的问题，而几乎所有的父母都没有注意过这样的问题，也没想过给孩子一个科学合理的解释，更没注意到这个正是对孩子进行性教育的机会。

实际上，"我从哪里来"这个问题，在孩子眼里是最为关心的，是孩童成长阶段的第一个迷惑期。但在中国，受传统文化的影响，99%的父母认为这个问题难以启齿，所以，出现了各种"奇葩"式答案。欢欢妈妈的回答是典型的敷衍式回答，还有各种瞎扯型的答案，比如，你像《西游记》里的孙猴子一样，是从石头缝里蹦出来的，从垃圾堆里捡来的，从树上长出来的，充话费送的等。

父母认为很难解释的问题，就告诉自己的宝宝一个错误的答案。然而，他们会认为爸爸妈妈不会骗自己，说法一定是对的。于是，孩子会形成一种荒唐的观念："原来垃圾箱或是石头才是我的妈妈呀！"

不仅如此，生活中还会出现一种现象：5岁的宁宁和爸爸妈妈的关系不再像以前那么亲密，甚至还会给110打电话，离家出走，请求警察叔叔帮他找到真正的爸爸妈妈；7岁的佳佳在经过移动营业厅时，告诉妈妈，你把我送回去吧，反正你不是我妈妈。

造成这种现象的直接原因是父母说谎话。现在的孩子极为敏感，父母不经意间的一个谎言都可能给他们带来极大的伤害。父母有时候觉得孩子的行为幼稚可笑，但是种种行为主要源自孩子对父母的信任。父母如果要继续保持在孩子面前的形象，就不要轻易骗他。当孩子反过头来再问这个问题时，一定要加倍认真地回答，因为这是孩子人生的第一个迷惑期，也是父母第一次认真地启蒙孩子的人生观和性教育。

这是一个信息传播和发展极为迅速的时代，我们被各种各样的信息包围。孩子们也经常在媒体如电子游戏、电影等中接触到遗传、繁殖或生殖等概念。数不尽的信息刺激和父母的遮遮掩掩形成鲜明的反差，从而激发了孩子的好奇心。父母的正确做法是为孩子适当地讲解一些有关生命和遗传的故事。

有些家长觉得现在给孩子讲解这些知识他们不懂，但实际上这种担忧是多余的。心理学家研究表明，5岁左右的孩子能够判断孩子与父母在生理上存在相似的地方，并认为这是由于出生导致的。一些研究也表明，给孩子适当地讲解遗传的概念，能够促进学龄前儿童科学观念的发展，也为日后儿童的生物学学习打下基础。

因此，当孩子问父母"我从哪里来"这个问题时，父母可以这样回答他们：

爸爸的肚子里住着很多小蝌蚪，妈妈的肚子里有个安全的小房子。有一天，很多小蝌蚪从爸爸的肚子里钻出来，游到了妈妈的肚子里。但是，妈妈肚子里的小房子空间有限，只允许一只小蝌蚪居住。外在环境的限制使得一只非常勇敢、游泳速度极佳极快的小蝌蚪最先到达小房子，并关上门，其他竞争者就只能留在门口。

这只勇敢的小蝌蚪就是你。你在小房子里长了十个月后，妈妈的肚子已经不能容纳你了。这时，你开始努力地敲门，妈妈的肚子开始胀痛，然后爸爸把妈妈送到医院。紧接着，你在医生和护士的帮助下，出生了。你出生后，剪掉了没用的脐带，医生和护士在确认你是个健康的宝宝后，就允许你回到自己的家。伴随着你慢慢长大，成就了今天的你。

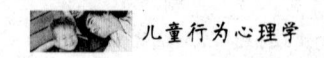

这样的回答会让宝宝觉得父母是在认真回答他们的问题。如父母做出一个错误的解释，就要去用更多的解释来弥补谎言，从而误导孩子，给孩子科学观念产生极为不利的影响。所以，父母一定要根据自己的实际情况，给予孩子最为合理、科学的解释，千万别出现类似于"从垃圾堆里捡来的""从石头缝里蹦出来的"这种说法。

2."妈妈，你不要离开我"——担心被抛弃

晴晴妈妈因为工作的关系经常出差。三岁之前，小晴晴特别乖，断奶之后一直由爷爷奶奶看管，不哭不闹。妈妈出差回来，都给晴晴带很多好吃的、好玩的东西，她也满是欢喜。每次妈妈回来，她都能与妈妈说说笑笑，妈妈也非常开心。可是，最近晴晴却出现了一点状况。

过了3岁后，晴晴总喜欢缠着妈妈，每次妈妈上班前总要缠着妈妈问东问西。诸如"妈妈你今天是不是又要加班""妈妈你今天晚上几点回来""我今天晚上是不是要等你回来吃饭"等问题，已经成了每天晴晴必须要问的问题。而且，只要听到妈妈要出差，晴晴就要一直缠着妈妈。

有一次妈妈出差之前在收拾行李，晴晴看到了就问妈妈："妈妈，怎么又要出差？你这次出差要多长时间？你是不是打算不要晴晴了。"妈妈顿时傻眼了，告诉晴晴："妈妈因为工作的关系暂时离开你几天，过几天就回来了。"没想到，话音刚落，晴晴就开始哇哇大哭，说："妈妈，你不要离开我！"这让妈妈顿时手足无措。

晴晴的情况在孩子幼儿阶段表现得极为明显，这个时候的孩子已然有了自我意识，想极力寻求一种安全感，而这种安全感来源于自己的母亲。此时，他们需要父母时刻和他在一起，与他们分享生活中的喜怒哀乐，这样他才会感受到满满的安全感，才会更加快乐地去玩耍。

诚然，孩子出现这种现象很正常。但是，如果期间情绪波动过大，也会对孩子的身体和心理造成不良影响。上述案例中的晴晴妈妈因为长时间的出差导致孩子平时处于高度紧张的状态，害怕妈妈有一天出差就不再回来，害怕妈妈不要她了。长此以往，将不利于孩子的身心健康发展。

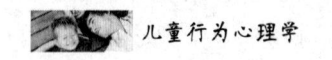

一般而言，孩子担心自己被抛弃的原因主要有以下几种：

（1）孩子已经有了自我意识的存在，想极力寻求安全感。

对于幼儿阶段的宝宝而言，安全感对其极为重要，而这种所谓的安全感需要从身边的亲人，尤其是妈妈身上寻找。有了安全感，孩子才能更加快乐地玩耍。

（2）父母太忙，疏于照顾孩子。

父母大多忙于工作，忙于生计，认为只要满足孩子的基本需求就可以了，忽视了满足孩子最基本的情感需求。

（3）社会的影响。

网络、电视媒体的发展让很多孩子目睹了母亲不要孩子的现象，父母离婚，家庭暴力等都会对孩子心理产生一定的负面影响，让孩子担心自己是否也会被父母抛弃。

针对孩子担心自己被抛弃的现象，父母应该采取以下相应措施：

第一，抽空多陪伴孩子。父母不要认为有了丰富的物质财富孩子就会觉得很幸福，而是要从心灵上真正地陪伴孩子。当父母发现孩子老缠着自己时，可以多陪伴孩子，让孩子从内心深处意识到父母是爱他的。

第二，做好分离前的准备。如果父母因为工作的原因或其他事情不得不离开，要提前跟孩子讲明白暂时离开家的原因。父母可以这样告诉孩子："妈妈只是暂时的离开，过一个礼拜就回来了。这一个礼拜你要乖乖听幼儿园老师的话，妈妈回来会给你带很多好吃的和好玩的。"这样，孩子就会意识到妈妈并不是抛弃他，内心从而感到踏实。

第三，适当地让孩子体验分离。日常生活中，妈妈可以适当地离开孩子一天，把孩子交给其他人托管，并告诉孩子晚上就会接他走。这样，孩子在体验了短暂的分离之后，会逐渐适应比较长期的分离。

孩子担心妈妈抛弃自己说明此时的宝宝已经有了明确的自我意识，希望寻求妈妈的庇护，获得一种安全感。父母要做到用心呵护孩子，切勿责备孩子，认为孩子不懂事。只有这样，孩子在循序渐进中才能接受父母暂时的离开，知道父母是爱他的。

3. "我要，我就要"——占有欲在作祟

芳芳今年4岁了，最近妈妈发现她的背包里总是多了一些铅笔、橡皮擦之类的文具，偶尔还会有些可爱的玩具，但是这些东西并不是家里的，也不是爷爷奶奶给买的。

一天放学后，妈妈问芳芳背包里的东西是从哪里来的，芳芳说："这是幼儿园里的东西，我看着很好玩，很漂亮，于是我就带回来了。"原来芳芳发现这些文具和玩具是家里没有的东西，就自作主张带回了家。当妈妈教育芳芳这样做不对，并告诉芳芳明天将东西放到幼儿园原处的时候，芳芳号啕大哭，哭喊着告诉妈妈："不行，我要，我就要！"

妈妈觉得芳芳经常拿别人东西的这种行为属于偷窃的行为，担心她养成这种坏习惯，其实不然。心理学研究表明，三四岁的孩子喜欢拿别人的东西是占有欲作祟的表现，而真正的偷窃行为大多发生于6岁至青春期之间。对于三四岁的孩子而言，对你的、我的、他的概念还不是很清楚，觉得只要是自己喜欢的就是自己的，并打上了"我专属"的标签。

即使妈妈告知芳芳这样做是错的，但是其行为还是得不到有效地约束。在三四岁孩子的眼中，固有的只要是自己喜欢就非得到不可的观念占据主导地位，但是伴随着孩子年龄的增长，以自我为中心的意识观念在逐渐淡化，其占有欲和控制欲也在逐渐下降。

当然，孩子拿别人的东西也包括其他一些原因。比如，家长忙于工作无暇顾及孩子的学习生活状态，忽略了满足孩子的情感需求，孩子借此来吸引家长的注意力，获得关注；有的时候孩子在幼儿园经常因为争抢东西而闹得不可

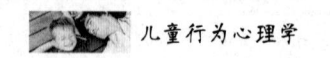

开交，为发泄心中的不满，就把东西占为己有。

当孩子拿别人的东西并占为己有时，父母不要着急，首先不要将这一行为认定为"偷"，要充分认识到这是孩子占有欲作祟的表现；其次父母要通过一些合理的措施来阻止此种行为，以避免孩子养成真正的盗窃行为。

第一，当父母发现孩子拿别人的东西时，一定要保持冷静平和的心态，千万不要盛气凌人，审问孩子。只有父母心平气和，孩子才能认真地跟父母讲清楚前因后果，否则会给孩子带来很大的心理负担，让孩子以谎言来逃避。

第二，父母在日常生活中要有意地告知孩子拿别人的东西是不对的，如果自己很喜欢，也要告知孩子经过他人的同意才可以拿。另外，父母要教会孩子一些礼貌用语，比如，如果想玩别人的玩具，就要教会孩子礼貌地询问他人："我可以借你的东西玩会儿吗？"等等。

第三，父母可以跟孩子讲道理，让孩子知晓占有别人东西，别人会很伤心，让孩子对他人产生同情心理，这样更有助于矫正孩子的不良行为。

第四，切勿严加管教。严加管教的方式会造成孩子的逆反心理，还会让原本的偷拿行为变本加厉，并伤害孩子的自尊心。

第五，主动归还他人的东西。父母除了让孩子认识到自己的行为是错误的之外，还应教会孩子主动地归还他人的东西。

最后，无论再忙，父母都要多留些时间关爱自己的孩子，特别是那些为了吸引父母的注意力而去偷拿的孩子。父母给予孩子更多的关爱，才会让孩子觉得更加幸福。

"我要，我就要"其实是占有欲在作祟的表现，三四岁的宝宝自我意识和占有欲较强，理所当然地认为只要是自己喜欢的就一定要占为己有，其实这并不是所谓的偷窃行为，但是父母倘若不加以引导，给孩子打上所谓"小偷"的标签，带给孩子的不仅仅是心理的伤害，还会影响孩子未来的健康成长。

4."你不能夸别人"——产生了嫉妒心理

璐璐自幼聪明伶俐，无论是在学校还是在家里都深受大家喜爱。在家里，她是爸爸妈妈的得力小助手，喜欢帮家人做一些力所能及的事情，家人都夸她乖巧可爱；在学校，她是三好学生，成绩名列前茅，而且非常有爱心，乐于助人，受到老师们的表扬。在一片赞扬声中长大的璐璐逐渐增长了一些嫉妒心理。

有一次放学后，邻居家的乐乐家里没人，所以就委托璐璐妈妈帮忙照看，完成作业。刚开始，双方之间的气氛很融洽，中间妈妈说："乐乐真棒，写的字真漂亮！"没承想，璐璐立马不高兴了，哭着嚷着告诉妈妈："妈妈，你不能夸别人，你只能夸我！"璐璐的反应让妈妈很是震惊。

不仅如此，老师也向妈妈反映了一些情况。考试时，如果其他人比她考得好，得到老师的表扬，她就非常不满，并且喜欢在老师跟前打小报告说："他一定是抄的，或者事先已经知道了答案。"争强好胜的璐璐不允许他人有强于自己的地方。

嫉妒是人类心理学中一种正常反应，是一种具有普遍性的原始情感。一个人如果内心充满嫉妒，很可能为自己的行动带来诸多不便，并产生一些不良后果。嫉妒使一个人将更多的注意力集中于他人身上，忽略了自我的成长和发展，甚至会使自己很难融入这个社会，人际关系糟糕。

孩童的嫉妒行为是自己与周围的同伴做比较而产生的一种消极的情感体验，是看到他人在某方面超越自己时，产生的一种不安、烦躁、痛苦的情感状态。其实，从一定程度上讲，这是孩子自我意识觉醒的一种表现。只要认真引

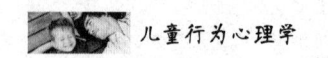

导，合理看待，阻止嫉妒心理的产生及行为的发生。

科学家曾对15个月的宝宝做过这样一个实验，让母亲抱着其他宝宝，而不抱自己家的宝宝，结果宝宝号啕大哭，蹒跚着跑到妈妈跟前，紧紧地搂着妈妈的脖子，好像在告诉另一个宝宝："妈妈是我的，不是你的！我的妈妈只能抱我！"实验证明，孩子嫉妒心理产生的时间较早。

生活中我们也会发现很多情况都会让孩子产生嫉妒心理。两个孩子一起拼图，其中一个拼好了，另一个怎么也拼不好，索性就把拼图一扔，说自己不拼了；父母带孩子去公园玩，如果看到其他小朋友有什么玩具，自己却什么也没有，就表现得极为不高兴，心里也很难受。

一般而言，孩童的嫉妒性有明显的外显性，他们或者通过具体的肢体行为和语言体现出来；或者表现出闷闷不乐的情绪，拒绝跟其他人说话。因此，父母一定不能听之任之，对孩子的嫉妒行为放任不管。否则会影响孩子的身心健康。那么，父母该如何防范孩子的嫉妒行为及心理呢？

(1) 充实孩子的精神生活。

父母不要一味地认为孩子学好文化课就可以了，闲暇之余可以让孩子学一些有利于身心健康发展的课程，比如吹拉弹唱等，在丰富孩子精神生活的同时，与嫉妒心理说再见。

(2) 培养孩子宽广的胸怀。

海纳百川，有容乃大，拥有宽广胸怀的人往往能成大事。父母应该从小教育孩子做一个心胸宽广的人，培养孩子待人接物的心胸。无论是在人际交往中，还是在处事中，都要学会放宽心胸。此外，父母也应为孩子树立榜样，以身作则。

(3) 教会孩子正确评价自己和他人。

父母要教会孩子正确地认知自己，评价自己和他人，不要为自己提太高的要求。与此同时，也要认可赞赏他人的优点，以他们为榜样，努力赶超，而不是一味地嫉妒。父母要告知孩子，要虚心地向他人学习，学习他人的长处，同时弥补自己身上的不足。

（4）鼓励孩子树立自信心。

当孩子克服一个难题后，父母要给予孩子适当的鼓励，这样不仅会增强孩子的自信心，而且能够克服孩子的嫉妒心理，让孩子养成良好的品德。

值得一提的是，有嫉妒心的孩子一般会存在自卑感，父母要学会及时地引导孩子树立自信心，消除自卑心理，成为内心的强者。

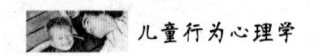

5. "我不好意思说不"——不懂得拒绝别人

"妈妈，今天同桌向我借钱了。"琳琳抱怨道。妈妈紧接着问："那你借给他了吗？"琳琳说："借了。"妈妈问："那你为什么要抱怨呢？乐于助人本是一种美德。"琳琳不高兴地说："我已经借过他好几次了，可是每次他都不还我。这次我本来不想借给他的，可是我不好意思说不，还是借给了他。"

妈妈听了琳琳的话，觉得孩子有的时候太过懦弱了，不懂得拒绝他人的不合理要求。像琳琳这样不好意思说"不"的情况，换句话说就是不懂得如何拒绝他人。殊不知，这只会纵容他人，结果一发不可收拾。

生活中，有很多"老好人"，因为不想得罪其他人，总不好意思拒绝其他人的要求。不好意思说"不"，潜意识里是怕自己得罪了人，伤害双方之间的感情。

一直以来，我们推崇敦厚、谦让的性格，从小父母潜移默化地教育孩子要谦让，乐于助人，从而导致了很多孩子不好意思拒绝别人，遇事不争，委曲求全。伴随着时代的发展，目前社会越来越遵循丛林法则，适者生存，不好意思已经成为懦弱、无能的代名词。

很多家里都有些不成文的规定，大的必须让着小的，即使有理也百口莫辩；在学校，孔融让梨、乐于助人已然成为一种美德，深深扎根于每个人的心中。各种美德逐渐造就了人们委曲求全的性格和与世无争的观念，也成为人们思想中的行为习惯模式。

其实不好意思说"不"的人，多为心地善良的人，不想伤害其他人，或者伤害两人之间的感情，总会站在他人的角度上思考问题，宁愿自己受委屈也要把方便和快乐留给其他人。然而，实践证明，一味的不好意思说"不"，并不会获得他人的尊重，有时反而会适得其反，甚至引来麻烦和仇恨。

不好意思说"不"的人，害怕得不到他人的认同，主要来源于自我意识的缺失。这种情况一旦延续，很可能会影响他的一生。有调查研究表明，一个人的拒绝能力与是否，自信存在密切关系。缺乏自信和自尊的人常常会因为拒绝他人而感到惶恐不安，而且觉得他人的需求比自己的需求更为密切。

此外，人生路上，有得有失，要有不舍。一个不懂得拒绝他人的人，长此以往会抵抗不住外界的诱惑和眼前的利益，而因小失大。相反，一个懂得拒绝"不好意思"的人，生活才会赐予其更多能量，才会使他成为生活的强者。所以，父母一定让孩子懂得拒绝他人。

（1）让孩子分清楚合理要求和不合理要求。

如果他人的要求是合理的，而且你帮助他也会更加快乐，那这个时候就要勇敢地伸出双手，帮助他人；如果他人的要求是不合理的，那就要学会果断地拒绝。

（2）培养孩子自信的品格。

父母要教会孩子重新审视自我，正视自己的优点和缺点，千万不要只重视自己的弱点而忽略自己的优势。要让孩子认识到说"不"并不会让自己处于社交的弱势，反而会因有主见而得到尊重。

（3）改掉交往中胆小懦弱的毛病。

孩子要时刻想到自己是一个独立的人，一个堂堂正正的人，自己和他人无论在地位还是人格上都是平等的，要勇于说"不"。

父母要教会孩子勇敢地拒绝他人，并说明自己的原因。记住，你有拒绝他人的权利。改变，从今天开始。

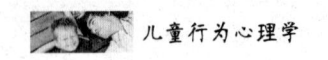

6."我对这个世界不感兴趣"——可能患有孤独症

贝贝今年4岁,从小她就不愿意和他人交往,从来都不会主动要求别人抱她,摔倒了也不哭,安安静静的,不说话;别人与她说话的时候,她常常低下头,不直视他人的眼睛;和父母在一起时,也不愿意说话,需要什么就用手势来表达;家里来了客人,无论是大人还是小朋友都不愿意理睬,只顾玩自己的。

爸爸妈妈把她送到幼儿园后,发现情况并没有好转。老师告诉贝贝的爸爸妈妈,她不愿意参加集体活动,上课也不爱发言,不愿意和其他小朋友接触玩耍。有一次,幼儿园老师单独找她聊天,老师问她:"为什么不喜欢和其他小朋友玩耍?"贝贝告诉老师:"我对这个世界不感兴趣。"这让老师担心贝贝是否患上了孤独症。

孤独症,类似于自闭症,现如今越来越多地出现在了我们的生活中。社会的压力,父母疏于对孩子的照顾,孩子很容易迷失自我,对这个世界不感兴趣,将自己丢弃在这个社会之外。渐渐地,他认为他的世界只有他一个人,这就是孤独症形成的最普遍的原因。

孤独症是一种普遍性发育障碍,严重孤独、缺少情感反应、重复刻板的动作、不愿与他人交流是其明显的特征。孤独症患者往往在3岁之前就会表现出来,在幼儿时期表现得极为明显,又称儿童自闭症,其表现及特征如下:

(1)喜欢独处。

孤独症患者往往在婴儿时期就表现出这一特征,比如,从小就不愿意和他人亲近,包括父母;不喜欢被别人抱;总是喜欢一个人在房间里安静地玩要；对周围的一切都漠不关心，只关注自己的事情。

（2）语言障碍。

一般孤独症患者都很少说话，有的甚至不说话。某些情况下，即使自己可以用言语表述清楚也不愿意说，更喜欢用手势代替；或者更喜欢一个人自言自语。

（3）行为呆板。

孤独症患者有时太过专注某事，兴趣极为单一，其行为也非常呆板。当进入一个陌生的环境后，他们会变得焦躁不安，不愿意接受新鲜事物，也不愿意改变固有的行为和习惯模式。

（4）情绪及环境。

患有孤独症的孩子在沟通上存在一定的障碍，也适应不了相应的转变，所以比较容易受情绪及外在环境的影响，很容易做出冲动或过激的行为。

（5）感知模式。

对某些声音、颜色、光线等事物，会产生极为焦躁不安的反应，但是冷热、痛楚的反应很弱，所以对外界的危险缺乏警觉，适应能力差，处理突发情况的能力较差。

（6）智力发育不均衡。

大多患有孤独症的儿童智力发展迟缓，但是在某一方面却有着超于他人的能力，特别是表现在记忆能力方面。

如果孩子出现上述一两种特征时，父母就要引起高度的重视了。孩子患有孤独症除了生理因素之外，也与外界的环境因素有关。孤独症轻者会影响以后的人际交往，重者会产生厌世的情绪，会采取一些极端行为伤害自己，甚至结束自己的生命。所以，父母应该及时给孩子治疗，确保孩子健康成长。

第一，积极为孩子创造交往空间。父母应利用一切机会，放手让孩子去接触身边可以接触的人，让孩子开阔眼界，丰富视野。节假日的时候，父母无论再忙，也要抽时间带孩子玩耍，也可以带孩子参加同龄儿童的聚会。

第二，家长每天要抽取固定的时间单独和孩子交流，时间可以选择在饭

后、睡前，控制在15～20分钟内，内容以孩子喜欢的话题为准。

第三，帮助孩子建立自信，不要让孩子觉得自己在很多方面不如其他人，所以父母要善于表扬、鼓励孩子。也许一个表扬、一句鼓励的话语，都具有非凡的意义。成功对其而言并非易事，因此，家长可以降低标准，为其努力创造成功的契机和环境，让孩子自己体悟成功的快乐。

第四，父母要保持一致的教育方法，从多角度观察孩子，客观地评价孩子，制定出一致的教育方法。

总之，当孩子不喜欢与他人接触，行为呆板，对这个世界不感兴趣时，父母要引起高度重视，因为孩子可能患上了孤独症。父母只有用心关爱，采取相应的对策，才可以让孩子走出封闭的世界，拥抱每一个人。

7."我这样做对不对"——缺乏自主判断力

雯雯今年4岁了，但是每次做一件事情总是喜欢征求爸爸妈妈的意见。搭积木的时候，都要让爸爸妈妈在其身边，并不时地问爸爸妈妈："我这样做可以吗？""我这样做对不对？"其实，雯雯是个很出色的女孩，但是总是缺乏自主判断力。

纵观历史上的名人志士，大多果敢坚毅，有准确的判断力。一个有准确迅速而坚决判断力的人，其发展机会比那些犹豫不决、模棱两可的人要多得多。有些孩子遇到事情时，明明已经有了详细的安排和计划，已经确定了既定的步骤和目标，但是却总是想征求爸爸妈妈的意见，左思右想，翻来覆去，迟迟不敢动手。最后，自己越来越没有信心，不敢决断。这样下去，终究会陷入失败的境地。

每个人都渴望成功，因此父母一定要从小培养孩子坚决的意志和信念，切勿让孩子长大成人后成为一个优柔寡断、迟疑不决的人。父母要告知孩子，在做任何事情之前，必须要完全地相信自己，坚持自己的想法和观点。即使孩子在路途中会遭遇一些挫折和困难，也不能打消拼搏的念头。

孩子缺乏自主判断力多半是由于父母的影响。很多时候，父母不相信孩子有自己的判断力，不愿意把自主权交给孩子。其实，每个孩子都是独立的个体，有自己的观念和判断。也许孩子由于生活阅历少，可能会做出错误的判断，但也正是经历了错误的判断之后，他们才能从中吸取教训。如果孩子小的时候没有足够的自我发展空间，没有经过充分的实践，将来很有可能在做决断的时候犹豫不决、优柔寡断、束手无策。

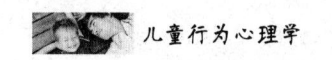

有些时候，小到生活中的吃穿住行，大到孩子未来的发展走向，当孩子想表达自己的意见时，父母总是以"你还小，不懂事"为由武断地打断孩子的判断。在一切都由父母决定的情况下，孩子逐渐丧失了自主判断力，连自己的特长和兴趣爱好也由父母说了算。如此，孩子已经完全没有了自己的判断力，他们要么完全听从父母的抉择，要么就是摇摆不定，不能独立拿主意。

因此，父母在平时教育孩子的问题上应该尽量避免专制，尽量让孩子多表达自己的想法和观点，并且适时地引导孩子有自己的思维模式和判断力。父母应该注意以下几个方面：

（1）给孩子做判断和决定的机会。

大人的世界里几乎每天都会面临着不同的抉择。不可否认的是，没有相关阅历的孩子做出的选择或是不恰当的，或是错误的。但是，孩子是一个独立的个体，他们有权利做出自己的抉择，选择自己的人生。

因此，父母要适当地为孩子创造做决定的机会。比如，今天上学穿什么衣服让孩子自己做选择；让孩子自己布置自己的房间；孩子想学芭蕾舞还是拉丁舞由其自己选择。而父母所扮演的角色则是一个正确的引导者。千万记得不要给孩子太大的压力，同一件事情二选一或三选一方可，也不要给孩子太多的选择机会。

（2）引导孩子做出正确判断。

孩子做判断的时候大多比较随意，不考虑自己的行为后果，这个时候父母可以给予适当的帮助。比如，有的孩子喜欢爬栏杆，这个时候父母最好用引导的方式来指出不良后果，然后纠正他的观点，让他明白这个行为是错误的。父母可以利用其他物体模拟从栏杆上摔下去的后果，让孩子明白高处坠落的危险性，然后让孩子自己做出判断和选择。

（3）鼓励孩子坚持正确的判断。

一旦孩子做出正确的选择，父母就应该站出来鼓励孩子坚持自己的选择，因为孩子做出的选择很容易受到外界的影响和阻挠。

（4）让孩子体验错误判断的后果。

当孩子做出某种错误的决定时，可以让孩子体验自己错误决定的不良后果和影响。在孩子体验到结果后，父母千万不要责备孩子，挫伤孩子的积极性，而是要将关注点放在引导孩子意识到另外一个决定可能会更加适合，从而让孩子在选择上有所改变。

判断力是一个人诸多能力的综合，是由一个人的知识和经验积累所决定的。孩子的判断力也会伴随着阅历的增长而不断发展。父母要注意从小培养孩子自主判断的能力，才更有利于以后的成功。

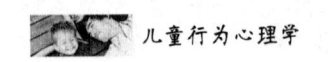

8."妈妈，我肚子疼"——很有可能是在装病

薇薇今年上小学三年级，一个多月来，每天早上妈妈一叫她起床，她就告诉妈妈："妈妈，我肚子疼。"妈妈带她去医院做检查，各种检查都做了，也检查不出什么问题。而且，让妈妈感到蹊跷的是，只要薇薇一不上学，她的病很快就能好，在家里活蹦乱跳，还能够帮父母做些力所能及的事情。

"大夫，我儿子嗓子疼得厉害，可以帮我多开几天病假吗？"明明的妈妈着急地告诉医生。可是，医生仔细检查之后并没有发现任何炎症。最近，明明总是带着儿子去往医院，学校的课程都耽误了，结果医生却告诉明明的父母：明明什么病也没有。上述两个孩子的情况让很多父母颇为烦心，又困惑不解。

儿童心理学研究专家表明，几乎所有的孩子都会偶尔装病，有些孩子总是喜欢莫名其妙地装病，然后又莫名其妙地活蹦乱跳。孩子装病的原因主要有以下几个方面：

（1）厌学。

过重的学业负担、家庭环境、缺乏学习动力和兴趣都是孩子厌学的主要原因。有了厌学心理之后，很多孩子不愿意去上学。为此，他们选择装病，因为这样可以暂时不去上学。

（2）对所做之事不感兴趣。

比如，父母让孩子去学钢琴，可是孩子对弹钢琴不感兴趣，但是在父母的逼迫下又不得不去。所以，孩子才会选择装病来反抗父母。

（3）吸引父母的关注。

有些时候，父母可能太过忙碌忽略了孩子的情感需求，故而孩子才选择装病来吸引父母的关注。

鉴于此，父母该采取何种措施来应对孩子可能的装病呢？

（1）带孩子去看医生。

父母千万不能对孩子身体不适的情况掉以轻心，在经过医生检查后，方可对孩子经常性的症状定结论。如果孩子确实是身体不舒服，则要引起高度重视。父母要带孩子做一个系统的、全面的检查，以确保孩子身体健康。如果检查没有什么问题的话，父母就要注意孩子很有可能是在装病。

（2）帮助孩子减轻压力。

如果孩子因为学业、考试压力厌学，家长就要更关注孩子在学习过程中遭遇的问题和苦恼，用关爱和体贴来淡化孩子的厌学情绪。

（3）多倾听孩子的声音。

家长要和孩子时常沟通，发现孩子的兴趣和爱好所在，如果孩子喜欢弹钢琴，而你非要让他弹吉他，这不可避免地会让孩子产生逆反心理，选择装病以示对父母的反抗。因此，父母要允许孩子选择自己喜欢做的事情，多倾听孩子的声音，允许孩子自己做决断。

（4）给孩子定出明确的要求。

父母要跟孩子明确讲清楚可以待在家里不去上学的标准，比如体温38℃以上，有明显的呕吐等其他症状。

（5）以身作则。

父母要注意自己的言行，如果父母装病不上班，孩子也很有可能会效仿。

（6）不要过分宠爱、溺爱孩子。

孩子偶尔打个喷嚏、摔倒蹭破一点皮，千万不要惊慌失措，大惊小怪。对于一般性的小伤口，不要疏忽大意，但也不要过分重视。父母可以给孩子一个拥抱，告诉孩子："没关系，宝宝很坚强，很快就会好的。"也可以培养孩

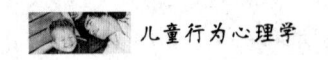

子坚强的品质。

(7) 让孩子学会应付压力。

如果孩子精神高度紧张，很可能会引发肚子疼、头疼等其他一些身体不适的症状。父母可以引导孩子做一些放松的益智游戏等，让孩子学会身心放松。

(8) 教会孩子正确的表达方式。

有些孩子总喜欢装病让父母关注他，以获得情感的满足，因此父母要教会孩子用正确的方式引起父母的关注，如谈心。当孩子用正确的方式让你注意他时，父母要及时鼓励他，表扬他。

"心病还需心药医"，如果孩子喜欢用装病的方式来吸引父母的注意力或者逃避某些事情，父母要采取有效措施来纠正和克服孩子的装病情绪。必要情况下，家长可以在专业人士的指导下，帮助孩子摆脱困境，做一个身心健康的好孩子。只有这样，孩子才可以逐渐地摆脱装病的小情绪，健康快乐成长。

9. "我要嫁给爸爸"——进入婚姻敏感期

在日常生活中，我们经常会听到幼儿园或者上小学一年级的孩子们说这样的话："我长大了要嫁给爸爸"，或"我要娶妈妈当老婆"。有些爸爸妈妈觉得孩子这样的话语太过早熟，但是又不知道该如何来回应孩子天真烂漫的想法，回应他们的童言无忌。

实际上，父母对此不要过于担忧，更不要秉持责骂的态度对待自己的孩子。儿童心理学研究表明，大部分孩子在4~7周岁时都会出现这种感情，是很正常的一种现象，是孩子进入婚姻敏感期的表现。

儿童心理学研究表明，"婚姻敏感期"是每个孩子认知过程必经的一个阶段。父母在家庭中的关系极为重要，父母对孩子无微不至的照顾和爱让孩子获得满足和快乐。在孩子眼里，没有谁可以代替父母的位置，父母是孩子每天快乐成长的动力和源泉。故而，大部分孩子从三四岁开始，对父母产生极强的好感，性别角色意识也慢慢增强。

所以，我们经常会听到女孩说要和爸爸结婚，男孩说要和妈妈结婚的想法。心理学家认为这实际上是孩子对性别和异性最初的认知和体验。但是，伴随着孩子慢慢成长，接触的圈子越来越大，他们会逐渐发展除父母之外的其他依恋关系。起初，他们只会接触可以共同分享食物、玩具的很多小伙伴，慢慢地回到只和一两个小朋友交好的状态。

到这个阶段的孩子，会采取多种方式来表达自己的想法。他们会通过赠予对方礼物，只与他分享喜悦和小秘密，当然也会产生和他结婚的想法。当家长问他原因时，他会脱口而出："因为我觉得她长得很漂亮"，"因为我觉得

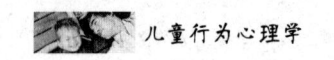

她人很好"，"因为我们经常在一起玩"等等。

实际上，当孩子出现这种情况时，并不是真正地理解成人婚姻和家庭的概念，只是伴随着性别意识的增强对异性产生的一种朦胧好感而已，是孩子表达对父母或朋友喜爱的最直接的一种方式。因此，父母应该理性地看待孩子天真烂漫的想法，千万不要用成人的眼光来评价自己的孩子，更不能盲目地批评责骂自己的孩子，给孩子带来无法承受的心理压力。

父母首先必须清楚孩子的行为是人生中的必经阶段，其次要秉持正确的态度来面对孩子口中的"恋爱"与"结婚"，并引导孩子树立正确的恋爱和婚姻观，让孩子能够正确处理所谓的依恋关系。

（1）父母要正确回答孩子关于婚姻的问题。

当孩子问道："爸爸妈妈为什么要结婚呢？"父母要考虑孩子的理解程度，正面地告诉孩子，诸如："因为爸爸对妈妈很好，爸爸和妈妈相知相爱。"当孩子听到这样的回答时，孩子就会理解原来相爱是婚姻的第一步。需要注意的是，父母千万不要逃避或敷衍孩子，更不要责骂他们，否则他们会因为父母的态度厌倦婚姻。

（2）不要嘲笑、批评孩子。

处于婚姻敏感期的孩子只是对婚姻有了最初的朦胧感和意识，认为只要谁对自己好，就可以和他结婚。而父母要做的则是耐心引导，千万不要批评、嘲笑自己的孩子，切勿让孩子因为父母的态度恐惧婚姻。

（3）与孩子沟通，探讨"喜欢谁"的问题。

闲暇之余，父母应跟孩子沟通，轻松愉快地谈论喜欢谁的问题，如果父母板着一张脸，孩子不仅会对父母也会对身边的朋友产生距离感。

（4）营造和谐友善的家庭关系。

良好的家庭关系不仅有利于孩子的健康成长，还能为孩子以后的婚姻树立良好的榜样，会成为将来他们建立家庭关系的典范。良好的家庭模式会让孩子感受到更多的爱，还有助于建立极佳的人际关系。

（5）让孩子对婚姻有更为深刻的认识。

当孩子自我探索婚姻关系时，父母必须要向孩子讲明婚姻的三要素：异性、无血缘关系、相爱。当孩子明白这些之后，就会逐渐抛弃固有的和爸爸妈妈结婚的想法和观念。

此外，伴随着年龄的增长，他们也能够逐渐明白，选择恋爱或结婚对象要在同龄人中寻找，最重要的是相爱。

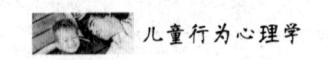

10.大声尖叫——另类语言表达的方式

子晴最近一段时间总是喜欢大声尖叫,但是却没有出现大哭大闹的现象,妈妈感觉孩子好像情绪不佳,心烦意乱。之前,宝宝总是特别乖,或是面带微笑表达自己的愉悦之情,或是用哭泣的方式来表达自己的不满足或身心的不舒适。

其实,尖叫也是孩子表达情绪的一种方式。儿童心理学家认为,孩子喜欢尖叫主要有下列几个原因:

(1) 过分溺爱。

现在的父母都过分地保护自己的孩子,在父母的关爱和呵护下,孩子容易形成自傲及求取的心态。一旦父母不能满足他的需求,或者存在稍微不如意的情况,宝宝就会选择用尖叫来表达自己的不满;一些情况下,如果孩子遇到自己无法解决的问题或者一些挫折时,也会以尖叫的形式来获取父母的关注;如果父母太忙,偶尔忽略孩子,孩子也会用尖叫来吸引父母的注意力。久而久之,尖叫就成为孩子需求得不到满足,或者发脾气的一种语言表达方式。

(2) 嫉妒心作怪。

当父母生下二胎弟弟或妹妹,原来的他成为小哥哥或小姐姐时,从原来得到父母、爷爷奶奶、姥姥姥爷所有人的关注,到现在被另一个小宝宝分走了一部份,心理便会产生嫉妒感。此时的父母,希望孩子能够独立地完成自己力所能及的事情,并可以爱护小弟弟、小妹妹,有时还要他们把自己喜欢的东西分享给弟妹,这无形之中就让孩子觉得弟弟妹妹是自己的竞争者。孩子觉得自己的需求都被弟弟妹妹剥夺了，看到新生儿在大哭或者尖叫，便开始模仿他们的行为，认为自己像他们一样，就能够得到父母更多的爱。

（3）父母的影子。

孩子天生喜欢模仿的他人，而父母作为他们最亲近的人自然而然地也成为其模仿的对象。如果父母遇到矛盾时不是平心静气地沟通，而是喜欢大声尖叫，孩子也会以这种形式来表达自己的不满；如果父母打电话时，不是大声说话就是用尖叫的表达方式，孩子看了也会学习；当父母心情不好或看到令自己害怕恐惧的事物，便以"尖叫"的方式直接表现自己的情绪时，孩子在潜移默化中也会跟着模仿，所以父母对孩子的影响非常大。

（4）压力太大。

有些父母对孩子要求过高，每天总是不忘唠叨孩子："爸妈以前受过很多苦，你现在的生活来之不易。你看看你现在这么多玩具和新衣服，不要再不满足了……""都几岁了，连个衣服都不会穿？""你看看咱们小区的妹妹，又乖，又有礼貌、守规矩，可是你呢？每天就知道吵吵闹闹，什么时候能让父母省点心呢？"父母的唠叨、喜欢作比较、不尊重孩子的意见等，都会让孩子产生无形的压力，这种压力一旦无法释放，便会以最原始的宣泄情绪方式——尖叫，来释放内心的压力。

另外，学业压力、考试压力都会让孩子觉得无所适从，有些孩子还没有学会如何减压，如何释放自己的压力。如果孩子在学校期间遭遇的种种压力不能得到宣泄，孩子也会选择用尖叫来表达自己内心的不满。

鉴于此，父母在陪伴孩子的过程中，首先在日常生活中应该树立良好的榜样，夫妻发生矛盾时，和平解决，有效沟通，如果非要宣泄情绪，通过吵架的方式来表达自己的不满时，也要在孩子不在的情况下。

其次，帮助孩子合理减压。一周忙碌的学习之后，父母可以带孩子游山玩水，让孩子在大自然中忘却烦恼，释放自己的压力。其实，这也是父母忙碌一周之后减压的手段和方式。

最后，不可过分溺爱孩子，但也不可要求过高。父母在教育孩子的过程

中，要把握一定的度，既让孩子体会到父母的爱，不要对孩子太过苛刻，也不能扰乱孩子自主地完成任务、自主地处理问题的过程。

除上述三点之外，父母还要学会认真观察，及时监督，培养一个心理健康的好孩子。

第五章

生活行为：孩子心灵世界最直接的表达方式

　　大部分孩子的成长的过程是很相似的，但因为生长环境和教育环境的不同，在一些生活细节上会存在一些差异，有的喜欢这样，有的喜欢那样，但不管怎样，都反映着孩子的心灵世界。

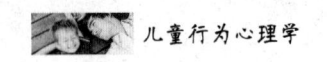

1.不喜欢刷牙——不懂得口腔卫生的重要

　　球球特别不喜欢刷牙，每次妈妈给他刷牙就像上刑，每天早上或晚上，家里人好一通忙活，爸爸要把球球的手和头固定住，妈妈找准机会将牙刷伸进他的嘴里。

　　有一天，家里人手忙脚乱一阵后，妈妈说："要不然就算了，等以后球球长大再刷。"球球听了开心地去玩耍了，以后妈妈再想找机会给球球刷牙，结果每次都以不愉快结束，皆以失败而告终。

　　孩子不喜欢刷牙的原因有很多，比如不喜欢牙膏的味道，觉得辣；牙刷太硬了，好比有异物进入了嘴巴，嘴里不舒服；牙刷的图案不是自己喜欢的；觉得刷牙好像和打针吃药一样，很害怕；有些孩子觉得刷牙很枯燥，不好玩，没有耐心。

　　口腔是食物进入人体的第一道关口，是维持人身体健康的重要环节。要把好这一关，就要有清洁的口腔和健康的牙齿。口腔的功能与全身各方面功能，特别是消化功能密切相关。调查研究表明，幼儿龋齿是目前口腔疾病中最为常见的疾病，且近年来幼儿龋齿率也逐年上升。所以，孩子从幼儿时期起，必须养成良好的口腔卫生习惯。

　　如果宝宝是因为不喜欢牙膏的味道而拒绝刷牙，父母可以给孩子换个他喜欢的口味刷牙；如果宝宝觉得牙刷太硬了，可以为宝宝购买专用的软毛牙刷；如果宝宝觉得牙刷的样子太丑了，可以为宝宝购买卡通图案的有趣的牙刷。如果宝宝是因为对刷牙不了解，很害怕所以才不敢刷牙的话，父母可以采取一些有趣的方法、借用一些工具来使宝宝了解牙齿和刷牙。下面是一些小妙招：

　　妙招一：黏土做牙齿。

　　父母可以带着宝宝用黏土或彩泥做一个牙齿，来帮助宝宝熟悉牙齿的构造。了解一共有多少颗牙齿，位置在哪里，牙齿的名字等。

　　妙招二：牙齿贴贴。

　　画一个牙齿的轮廓，一个开心的表情，一个不开心的表情。父母要告诉宝宝牙齿喜欢新鲜的水果和蔬菜，吃了以后会开怀大笑；它不喜欢薯条、巧克力等垃圾食品，吃了以后会伤心难过。与此同时，父母可以让宝宝在上面给牙齿贴一些小贴画，并告诉宝宝吃饭的过程中很多食物会不可避免地粘留在牙齿上，引起牙齿的不满，所以每天宝宝需要坚持帮牙齿洗澡。

　　妙招三：冰格牙齿。

　　用家里闲置的冰格当成牙齿，在上面用水彩笔写一些字、画一些图案或者塞一些纸模拟牙齿上的脏东西，或者钻一些小洞来模拟牙洞，然后让宝宝用牙刷或者自己做一个小刷子来把冰格牙齿刷干净。这样，宝宝在刷冰格牙齿的过程中也自然而然地体会到了把牙齿刷干净的快乐。

　　妙招四：参加职业体验活动。

　　父母可以带领宝宝参加小小牙医的职业体验活动，宝宝换装成小小牙医，让宝宝了解牙齿的秘密，如何保护牙齿，如何刷牙。宝宝在职业体验的过程中会逐渐意识到牙齿的重要性，并对刷牙不再畏惧，从心底里真正接受牙齿的重要性。

　　妙招五：在游戏中体验刷牙的乐趣。

　　父母可以让宝宝每天帮毛绒玩具或者玩偶刷牙，让他在游戏中体验刷牙的感受。在给玩具刷牙的时候，父母可以问宝宝："你觉得今天给它们刷牙，它们舒服不舒服呀？是不是刷完牙之后它们变得越来越漂亮啦？"通过游戏，孩子也能够逐渐意识到刷牙的快乐。

　　妙招六：刷牙歌。

　　"小牙刷，手中拿，我呀张开小嘴巴。刷左边，刷右边，上下里外都刷刷。早上刷，晚上刷，刷得牙齿没蛀牙。张张口，笑一笑，我的牙齿刷得白花花。"小小刷牙歌，不仅仅会让宝宝喜欢上歌曲本身，也会在歌词中逐渐学会怎样刷牙。

在宝宝知晓牙齿的奥秘，不畏惧刷牙后，父母就要陪伴宝宝刷牙了，并且时刻地监督宝宝。每天早晚刷牙一次，既能防止细菌的滋生，也有助于培养宝宝的意志力。好的口腔卫生习惯不仅仅有利于防止龋齿的产生，而且与消化系统，乃至全身健康都有重大关联。因此，父母一定要培养孩子良好的、健康的刷牙习惯，让宝宝有一口健康的牙齿。

2.不愿意做家务——没有吃苦耐劳的精神

"妍儿,你去帮妈妈把餐桌擦一下,我们准备吃饭了。"妈妈温柔地对妍儿说。可是妍儿盯着电视里的动画片说:"妈妈,你自己擦吧!我不想擦,抹布那么脏,我不愿意做这些。"妍儿已经6岁了,可是从来都不想帮助妈妈做家务。妈妈让妍儿做一些简单的家务,比如洗个水果,摆个碗筷,妍儿就觉得累,不愿意帮助妈妈干活,妈妈很是无奈。

孩子不愿意做家务,不愿与父母一起完成力所能及的事情,在一定程度上是孩子不想吃苦,没有吃苦耐劳精神的表现。现在的父母大多将注意力集中在孩子的学习上,往往忽视了培养孩子吃苦耐劳的精神。其实一个成功的人,并不一定是最聪明的人,也并不一定是学习最好的人,而是一个敢于吃苦耐劳,一个有着坚强毅力,勇敢奋斗的人。

自古雄才多磨难,从来纨绔少伟男,无数的伟人、成功人士正是经历了种种挫折坎坷之后,才能鹤立鸡群,攀登高峰。杰出者与平庸者之间,最显著的差异不是智商的高低,而是兴趣、意志、理想、吃苦耐劳的精神、性格等非智力因素的优劣。做人是成才的基础,父母首先要引导孩子做一个合格的人,做一个对社会有贡献的人。艰苦奋斗、勤俭朴素在任何一个时代都不会褪色。

培养孩子能吃苦的精神,需要家长从一点一滴的小事做起。当今,很多孩子的生活被家长们照顾得无微不至,捧在手心怕碎了,含在嘴里怕化了。大多时候,父母觉得自己吃过太多苦,所以不愿意让孩子承受任何压力,更别谈吃苦受累了。殊不知,这样孩子一旦离开家长的庇护就无所适从。

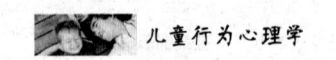

所以，从现在起，父母必须意识到培养孩子吃苦耐劳和战胜挫折的重要性，让孩子参加一些力所能及的活动，让他们独自面对困难和挫折，锻炼自己的心智和体力。人生漫漫，不可能一帆风顺。一个人就算再有真才实学，如果不肯吃苦，也难保良好的竞技状态，不仅适应不了激烈的市场竞争，还容易被困难吓倒，被挫折击垮。要在以下几个方面培养孩子。

（1）培养孩子生活自立。

父母要告诉孩子，自己的事情自己做，自己要对自己的事情负责。生活中，自己独立完成一些事情，比如独立穿衣、独立洗漱、打扫自己的房间、清理自己的物品等；学习上，独立完成作业；心理上，独立思考问题，自己做选择。一定程度上，父母要给孩子自主选择的机会，这样孩子才能有主见，并为以后的成功打下了基础。

（2）有意识地布置任务。

在生活中，父母可以故意布置一些任务，让孩子去完成。如果孩子完成了适当的家务劳动，如打扫卫生、洗碗、清理房间等，可以给予其一定的物质和精神奖励，以调动孩子做家务的积极性。此外，父母也可以带孩子参加社会实践、农村生活体验、夏令营、与农村孩子交朋友等形式的活动。

（3）要与孩子共同吃苦。

培养孩子吃苦，家长要首先有吃苦的精神，并树立吃苦的榜样。家长可以与孩子参加晨跑，参加体育运动，如一起打球、一起游泳、一起爬山等。遇到不可口的饭菜，家长不要在孩子面前说难吃、吃不下去等话语，而是告诉孩子虽然不好吃，也不要浪费，生活中不是每顿饭菜都能符合胃口，就当是一次锻炼自己的机会了。家长能做到，孩子才会努力去做到。

（4）培养孩子的团队意识。

父母要培养孩子团结协作的精神，有能和大家一起在任何困难的环境下生活的意识。在集体活动中，孩子通过与他人之间的相互沟通、信任、合作和承担责任，产生群体协作效应，为集体的成绩而自豪。

古代著名的教育家孟子曾说："天将降大任于斯人也，必先苦其心志，劳其筋骨，饿其体肤，空乏其身。"这句话告诉我们，一个人要立足于社会，承担社会义务，必须有吃苦耐劳的精神。没有吃苦耐劳的精神就很难适应社会的需要，就会被社会淘汰。所以，父母在孩子成长的过程中一定要培养孩子吃苦耐劳的精神，让孩子成为一个敢于拼搏、敢于积极进取、敢于奋斗的人。

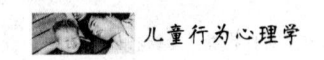

3.过度干净、有洁癖——可能患有强迫症

笑笑的爸爸妈妈发现，笑笑越来越爱干净了。比如衣服上有一小块污渍就要换掉，就是滴上几滴水也不行。有的时候，妈妈打扫笑笑房间的时候偶尔会落下一些犄角旮旯忘记清理，笑笑看到后就非常不高兴，非要拿着笤帚或者抹布清理干净。有时她认为妈妈房间打扫得不干净，就算妈妈打扫完了，也要自己重新打扫一遍。笑笑诸如此类的行为让妈妈十分无奈："为什么孩子会变成这样，过度干净，过度洁癖。"

爱干净、讲卫生是个好习惯，说明孩子愿意给大家呈现干净的、舒适的环境和外在。但是，像笑笑这样过度爱干净就可能成为洁癖，而洁癖是一种心理疾病，如果不能够调节及时治疗的话就可能会影响到以后的正常生活，成为一种负担。有研究调查显示，70%的洁癖症患者都拥有强迫性人格，精神长期高度紧张。所以，如果小孩子出现这种情况的时候，父母一定要引起足够的重视。

一般而言，如果孩子性格特别好强，就更容易强迫自己，给自己制定很多的目标，设置很多的规矩，强迫自己一定要完成什么任务。这本来是件好的事情，更有助于人的成功，但是像笑笑这样，过度强迫自己，打扫卫生一尘不染的现象，就很容易患上强迫症。

小孩子早期过度爱干净、洁癖，一方面看来是对自己太过苛求的表现，他不允许有任何模棱两可的情况出现。另一方面，也有可能是孩子对自己要求太过完美，相信任何事情都会有一个完美的解决方法，如果没有，他就会感到极为不舒服，甚至厌恶周围的人和事。

当孩子出现过度干净、洁癖的现象时，父母不可过分责备孩子，一定要有足够的耐心去引导孩子，帮助孩子建立心理上的安全感，摆脱强迫症对自身心理和身体造成的危害。

首先，父母要学会接纳孩子出现的各种症状，诸如爱干净、东西必须井然有序地摆放等现象。如果父母对孩子严厉地呵责，只会加重孩子的症状，让孩子更加焦虑。只有父母学会了接纳，才能有足够的耐心和爱心来帮助孩子走出强迫症，与强迫症说再见。

其次，父母要让孩子全身心地投入到生活中，在生活中寻找人生的乐趣和价值。年龄小的孩子要多走出家门，在父母地陪伴下独立地去探索感知外面的世界，让孩子全身心地接受这个世界，多看看世界的美好，也感悟一下世界的不完美。孩子上学后，除去学习时间外，父母更要带孩子探索外面的世界，体验人生百态。当孩子轻松、乐观、勇敢地度过每一天时，他的生活也会逐渐充实，症状也没有立身之处了。

再次，系统脱敏法。父母可以带孩子去看心理医生，在医生的指导下，把自己害怕的东西和场景、经常做的事情，从轻度到重度依次写出来，然后教会孩子每天从最容易的事情入手，控制自己的行为。例如每天减少洗手的次数。治疗过程中，孩子可能会感觉特别难受，可以配合做一些放松训练，或通过运动分散注意力来减少内心的痛苦。一般经过几个月的治疗，孩子就会感到真正轻松了。

最后，对处在强迫期的孩子，父母在帮助其治疗可能的强迫症的同时，也要让孩子建立一定的秩序感，让孩子通过有序的秩序感，合理地安排自己的学习和生活。

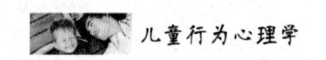

4.喜欢抱着枕头睡觉——希望获得安全感

小男孩王博有一个很奇怪的习惯，从小喜欢抱着枕头睡觉，就算是在炎热的夏天，他也是要抱着枕头睡觉。每次妈妈都会对他说："今天晚上就不要抱着枕头睡觉了，天气这么热！"可是，王博每次都跟妈妈说："不，不要，我就要抱着枕头！"

从两岁开始起，小王博就对枕头"情有独钟"。每天晚上不抱枕头，他就无法安稳入睡。有的时候在白天也是如此，爸爸妈妈觉得孩子太任性了，于是总是把他的小抱枕藏起来，这非但没有改掉他抱枕头的习惯，反而让他更加依赖枕头了。只要他意识到他的小抱枕没有在身边，就哭着嚷着让爸爸妈妈给他找出来。

儿童心理学家研究表明，孩子抱着枕头或布娃娃睡觉是缺乏心理安全感的表现，很有可能小时候受过一次较大的情绪波动或心理创伤。具体原因如下：

（1）孩子缺乏心理安全感。

心理学家弗洛伊德认为，幼年时期是一个人成长中的重要阶段，孩子成年时期表现出的种种与幼年时期遭受的创伤或伤害有很大关联。像王博这样喜欢依赖枕头睡觉是正常的现象，因为他认为抱着枕头睡觉可以获得更多的安全感。

（2）父母对孩子的关爱不够。

每个孩子都是上天赐给爸爸妈妈最好的礼物。从呱呱坠地开始父母便对孩子倾注了全部的爱，而孩子也能感受到父母的爱和温暖，并逐渐产生对父母的依赖。但是由于父母太忙，没有太多时间照顾孩子，不能给予孩子足够的爱和关怀，以至于许多孩子心里产生落差，认为没有父母庇护的环境是不安全的。

因此，孩子在希冀得到父母关怀的情况下，开始寻找其他替代物来获得缺失的安全感，而孩子喜欢抱着枕头或娃娃睡觉就是一种渴望得到关怀的表现，是其心理安全感没有得到满足的一种特殊行为。

当孩子出现喜欢抱着枕头或娃娃睡觉，或者蒙着枕巾睡觉的现象时，千万不要认为孩子的行为不可理喻而去斥责孩子。父母必须认识到这是孩子缺乏安全感的表现，无论再忙，都需要抽出时间多陪陪孩子，给予他们足够的爱和关怀，让孩子觉得父母是爱他们、关怀他们的。在与孩子相处的过程中，父母要注意以下几个方面：

(1) 给予孩子安全感。

从婴儿期开始，孩子就已经能够识别周围的环境，熟悉的、舒适的环境会让宝宝心情愉悦，陌生的环境则会让宝宝紧张、害怕。所以，为了保证宝宝的睡眠质量，无论身在何处，都要让孩子感觉到爸爸妈妈是陪伴在他身边的。这样，孩子就会觉得周围的环境是安全的，就能安心入睡。

有些父母抱怨工作忙，每天不是加班，就是出差，不在孩子身边。但即使父母再忙，也可以通过打电话、视频等方式告诉宝宝父母没有抛弃他，时刻关怀着他，这样他就会放下戒备，安稳地睡觉。

(2) 营造舒适的睡眠环境。

伴随着孩子的逐渐长大，父母开始考虑培养孩子独立睡觉的习惯。为了让宝宝获得足够的安全感，父母需要为孩子营造一个舒适的房间，将其装修成他喜欢的色调。例如，可以在墙上悬挂全家福，挂一些孩子喜欢的动漫人物图片，或者在床头放置孩子喜欢的玩具等。这样，孩子就会感觉到环境是舒适的，独自睡觉时心情愉悦。

(3) 温柔的爱抚。

孩子睡不着觉或者不愿意独自睡觉的时候，妈妈要温柔地爱抚孩子。为了促进宝宝睡眠，父母可以在睡前讲一些小故事，或者唱一些温柔的曲子。如果孩子喜欢抱枕头睡觉，不要反复跟孩子强调"不能这样"，这反而会造成孩子逆反心理，强化孩子的行为。

总之，父母需要抽空多多陪伴孩子，给孩子足够的安全感，让孩子知道父母是关怀他们的，这样孩子才会在循序渐进中改掉喜欢抱枕头睡觉的习惯。有了充足的睡眠之后，孩子才会有足够的精力去迎接新的一天。所以，努力去为孩子营造一个安全、舒适的睡眠环境吧！让宝宝睡得更香！

5.睡觉时磨牙——晚餐过饱或身体缺钙

娜娜的父母发现娜娜最近晚上睡觉有时会发出像小老鼠一样的"咯吱咯吱"的声音。起初,爸爸妈妈不知道怎么回事,后来发现原来是娜娜在磨牙,而且磨牙的声音非常响,就这样持续了一个月,父母发现磨牙并没有影响到孩子的正常生活,所以一直没有带孩子去医院检查。可是一个月之后,孩子磨牙有增无减,声音也比之前大了很多,爸妈苦恼孩子为什么磨牙,又该如何治疗等问题。

孩子睡觉磨牙的原因有很多种,主要如下:

(1)晚餐吃得过饱,或者临睡前加餐。

这不仅影响营养元素的吸收,而且会增加胃肠道的负担。因为入睡时,胃肠道里还存储着大量未被消化的食物,如此一来,整个消化系统就不得不"加夜班",连续工作,甚至连咀嚼肌也被动员起来,不由自主地收缩,引起磨牙等现象。

(2)身体缺钙。

有些孩子因体内长期缺乏维生素D,或日照不足等其他原因,患有佝偻病,也可称为维生素D缺乏性佝偻病。儿童因体内长期缺乏钙、磷等元素,造成新陈代谢紊乱,产生一种以骨骼病变为特征的全身、慢性、营养性疾病,常常会出现多汗、夜惊、烦躁不安和夜间磨牙等现象。

(3)精神因素。

有少数孩子平时并不磨牙,但如果临睡前听了生动形象的故事,或刚看完恐怖、紧张的电视或动画片后,由于神经系统过于兴奋,也会出现夜间磨

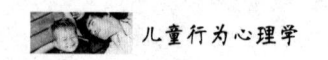

牙。另一个原因是平时压力大，如不适应幼儿园生活，害怕班里的某个小朋友等。父母或者家人争吵也会令孩子的精神高度紧张，导致孩子晚上睡觉磨牙。此外，一些过度活跃的孩子也会发生夜间磨牙。

（4）牙齿排列不齐。

孩子咀嚼肌用力过大或长期用一侧牙咀嚼，以及牙齿咬合关系不好，发生颞下颌关节功能紊乱，也会引起夜间磨牙。而且，牙齿排列不整齐的孩子，其咀嚼肌的位置也往往不正常，晚上睡眠时，咀嚼肌常常会无意识地收缩，引起磨牙。

（5）睡眠姿势不好。

如果孩子睡觉时头经常偏向一侧，就会引起咀嚼肌不协调，使受压的一侧咀嚼肌发生异常收缩，因而出现磨牙。此外，孩子晚上蒙着头睡觉，容易引起二氧化碳过度积聚，氧气供应不足，从而导致磨牙。

如果父母发现孩子磨牙的情况，也不要过度担心，只要提早发现，及时有效地采取相应措施，就能够得到及时治疗。

在晚上睡觉前，父母要尽量避免让孩子出现太过饱腹的现象。有的时候，孩子看到想吃的东西控制不住自己的食欲，这个时候父母要转移孩子的注意力，帮助孩子控制食欲。还要告诉孩子，不能因为自己喜欢就不顾肠道的消化和吸收能力，这次不吃了下次还可以继续体会美食。

如果孩子是因为身体缺钙，这个时候父母就要咨询医生了，帮助孩子补充钙磷等微量元素，避免佝偻病的发展。此外，父母还可以带孩子多锻炼身体，帮助孩子强壮身体，促进骨骼成长发育。

睡觉前，父母要让孩子尽量放松，可以放一些平缓的音乐，讲一些温柔的故事，尽量避免孩子过度兴奋或者看一些恐怖的动画片。孩子一天学习结束后，父母可以适当地让孩子玩耍，做到劳逸结合，忘却一天的劳累和辛苦，让孩子心情和精神愉快，这样磨牙习惯会逐渐好转。

另外，小孩子定期去看牙科医生是非常必要的。如果小孩子牙齿排列不整齐或咀嚼肌过大，父母可以根据医生的建议做牙齿矫正和治疗。如果孩子还是出现经常磨牙的现象，那么就建议父母去医院检查一下孩子身体的各项体能指标，检查一下孩子肠道内是否有蛔虫。

最后，父母要注意孩子的营养均衡，不要经常批评和打骂自己的孩子，为孩子成长营造温馨、舒适的环境。孩子有健康的牙齿，吃饭才更香，不磨牙才能有安稳的睡眠。

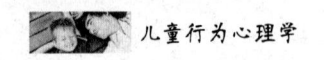

6.看电视上瘾——人际交往有障碍

鑫鑫最喜欢的事情就是看电视，让父母很是苦恼。孩子每天一从幼儿园回来，放下书包，就直接按到少儿频道，坐在沙发上目不转睛地盯着电视，有的时候还会大叫"熊大、熊二太可爱了，光头强太傻了！"之类的话语。当家长问她今天在幼儿园老师教你什么了，今天你们吃的什么午饭呀，有什么有趣的事情发生呢，她总是无动于衷。

有的时候，父母叫鑫鑫吃饭，鑫鑫也不会停下来，一直看电视。有的时候父母关掉电视，她也会立马打开电视，若父母强制不让她看，她就会大哭大闹。这让鑫鑫的爸爸妈妈很是无奈，觉得让她看不对，不让她看也不对，实在是找不到对策。

在信息媒体、网络快速发展的时代，电视、电脑已然成为每个家庭中不可缺少的电器，像鑫鑫这样的情况并不少见。有的时候，成年人都抵抗不了对电视、网络的诱惑而熬夜追剧，更不用说注意力和控制力还不够强的孩子了。因此，父母应该理性地对待孩子看电视这件事情。

当然，不能否认的是，电视媒体有助于孩子接触新鲜的事物，开阔视野，启迪智慧，增长知识，客观地去认识世界；有助于缓解孩子学业压力，欢愉地度过每一天的生活。但是如果过度沉迷于电视的世界不能自拔，就会造成很多不利影响。

孩子看电视上瘾所造成的最直接的影响是视力下降，导致很多孩子小小年纪就佩戴上了眼睛。长时间的沉迷于电视使得眼球处于静止状态，减少了眼球运动的机会，从而视力下降。此外，长时间坐着看电视使得孩子运动量大为减少，一天消耗的能量比从事户外活动所消耗的要少得多，再加上有些孩子看电视时爱吃一些垃圾食品，不吃正餐，导致热量过剩，容易发胖。

如果孩子长期沉迷于电视中的世界，与外界交往的时间和机会就会大为减少，社交能力久而久之就会产生很多障碍。长时间与电视为伴的小孩子，性格孤僻；长时间看电视会让小孩子忽略朋友和父母，不愿意与外界交流。这就是我们通常所说的人际交往障碍。

看电视上瘾的孩子大多沉默寡言，每天脑袋里面想的都是动画片里的情节，他们并不关注朋友们今天都遇到哪些开心的事情，哪些不开心的事情。他们每天想与小伙伴们分享的事情也是这些，而大多伙伴却不愿意倾听这些，久而久之身边的朋友越来越少，人际交往能力也逐渐下降。这种情况如果在幼年时代得不到纠正的话，将来恐怕难以融入社会，适应社会节奏。

鉴于此，父母在日常生活中要尽量避免此类情况的发生，避免孩子存在人际交往障碍，主要有以下几点：

（1）以身作则，做出榜样。

父母应该以身作则，培养看电视适度的良好生活方式。父母不能将孩子的大好时光交付给电视，而是要陪孩子多多阅读，锻炼身体，认识外面的世界，营造健康舒适的家庭环境。

（2）限制看电视的时间。

如果宝宝还不到两岁，最好不要让宝宝看电视，如果非要看，就一定要把看电视的时间切割成10～15分钟的片段。宝宝超过两岁，就可以将时间延长至半个小时，超过时间段就休息或出去玩耍。爸爸妈妈也可以和宝宝约法三章，如果宝宝做到了，就给予奖励；如果没有做到，可以进行合理地惩罚，比如反思等。

（3）选择安静、平和的节目。

父母一定要让孩子看一些安静、平和的节目，这样才能让宝宝有吸收的时间；也可以选择一些亲子类的互动节目，跟着宝宝一起完成，增加双方之间的交流。必须要注意的是，切勿让宝宝观看暴力、有攻击性的节目，这样不仅

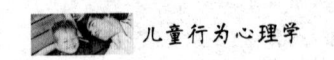

会让宝宝心理畏惧，也可能会让其产生一些暴力行为。

　　做父母的要学会以身作则，营造良好的家庭氛围，也要学会引导宝宝合理地利用现有电视媒体资源，让宝宝开阔眼界的同时，不忘记身边的朋友，培养良好的人际交往能力和习惯。

7.一边吃饭一边玩——不能做到专心致志

瑞瑞生性活泼开朗，平时蹦蹦跳跳，妈妈连看都看不住，即使是吃饭的时候也是如此，让妈妈很是头疼。从瑞瑞会走路开始，每次吃饭妈妈都是端着小碗，跟在瑞瑞后面跑东跑西。每次吃饭，妈妈都是趁瑞瑞玩时停下来的一小会儿赶紧喂一口，就这样，明明几分钟可以解决的事情瑞瑞经常要花大半天时间。

从小养成的习惯让3岁多的瑞瑞还从来没有安静地坐在餐桌前吃过一顿饭。吃饭的时候，瑞瑞不是拿着玩具边玩边吃，就是边看动画片边吃饭。有时，瑞瑞磨磨蹭蹭地走到餐桌前，眼睛还盯着电视机，嘴里念叨着："妈妈，我能不能一边吃饭，一边看动画片？"妈妈看着瑞瑞的样子，想让瑞瑞好好吃饭，但是也没有办法，不然孩子就大哭大闹。

有些孩子吃饭不能够做到专心致志，一边吃饭一边玩，其实在一定程度上是父母纵容的结果。如果孩子小的时候经常是大人追着喂饭，自己忙着玩耍，这样孩子就会养成一定认知，即可以一边吃饭一边玩耍，再加上幼儿专心于自己感兴趣的事情，更难以专心吃饭。

孩子吃饭不能够专心致志不利于食物的消化、吸收和食物营养的充分摄入，长此下去，易造成消化系统紊乱，不利于幼儿的健康。与此同时，孩子在吃饭时说话、大笑、走跑等不良习惯，容易促使食物误入幼儿气管，情况严重时甚至会危害幼儿的生命，所以家长必须要引起重视。

如果父母发现孩子不专心吃饭，总是左顾右盼、心神不宁，喜欢吃一会儿玩一会儿，或边吃边看电视，或者边吃边玩，饭量减少了许多。这个时候，父母要尽早纠正孩子在用餐时的不良习惯，让孩子养成健康、良好的饮食习

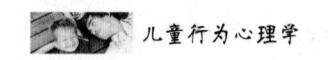

惯。针对孩子边吃边玩的饮食习惯，父母可以采取以下措施：

（1）餐前避免过度兴奋。

如果孩子进餐时神经高度兴奋，会很难专心致志地吃饭。所以，父母在孩子进餐前不要让孩子做运动量大的活动，可以进行诸如散散步、看看书、说说儿歌等安静活动，让宝宝的情绪逐渐稳定下来。用餐前，父母可以让孩子承担分发碗筷、布置吃饭用的桌椅的任务，积极营造吃饭氛围，让宝宝体验吃饭的乐趣和家庭小主人的感觉。这些措施都可以在一定程度上吸引宝宝专心吃饭。

（2）排除进餐干扰。

孩子的自控能力较低，注意力容易随外界转移。吃饭时，电视节目、玩具或其他新奇的东西，都会吸引宝宝的注意力。因此，家长最好在每次进餐前关闭电视，播放一些轻柔的音乐，并坚持让孩子坐到餐桌前吃饭，排除进餐干扰。

（3）父母要以身作则。

我们经常看到日常生活中有些父母喜欢一边端着饭碗，一边看电视，或在吃饭时攀谈、说笑，这很容易影响孩子。在耳濡目染之下，孩子也会养成吃饭不专心的坏习惯。因此，家长应从自我做起，为孩子树立良好的榜样。

（4）了解孩子的口味，尽量"投其所好"。

饭桌上，家长应注意观察孩子的饮食口味，经常和孩子交流对饭菜品种和味道的感觉，对孩子在餐桌上的良好表现，家长要及时给予表扬和鼓励。此外，父母在为孩子准备食材的时候，可以征询孩子的意见，让孩子自主地选择食材，参与到做饭的行动中，比如让孩子洗菜等，这样孩子就会倍加珍惜自己的劳动成果，专心吃饭。

孩子一边吃饭，一边玩，不能专心致志的这种坏习惯，父母要及时地纠正。在树立良好饮食习惯的同时，要随时监督孩子，让孩子认真吃饭。否则，这种不能专心致志的习惯会影响以后日常学习和工作。

父母都希望孩子有健康茁壮的身体，从今天起，父母要学会及时阻止孩子的不良饮食习惯，让孩子吃饭香香，身体壮壮！培养孩子做事专心致志的习惯，为以后的学习和工作打下良好的基础。

第六章

学习行为：孩子大部分的学习问题都是心理问题

学习行为对一个人的发展是非常重要的，良好的学习习惯和强烈的学习兴趣比"知识储备"更为重要。所以，很多家长都为如何培养孩子良好学习习惯、矫正不良学习习惯而大伤脑筋。

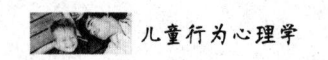

1.不愿意上学——缺乏正确的学习理念

娟娟今年读小学四年级，但是很不喜欢学习，为此家长很是着急。从小就爱美的她每天喜欢收拾打扮自己，喜欢穿着妈妈的高跟鞋，背着妈妈的包包在镜子跟前照来照去，不然就是摆弄妈妈的化妆品，或者涂个口红，或者画个搞笑的眉毛。

周末，妈妈带着娟娟去商场玩，路过玩具城的时候，一款限量版的芭比娃娃吸引了娟娟的注意力。娟娟说："妈妈，你看娃娃多漂亮呀！我回去给她打扮一下，会更漂亮的！妈妈买给我好吗？"妈妈看了一下商品的标签，顿时惊呆了，一个小小的芭比娃娃的价格竟然上千，妈妈不想让孩子这么小就学会消费奢侈品。所以，就急匆匆地带着孩子离开了商场。

没想到第二天妈妈送娟娟上学的时候，她说什么也不去，并且哭着嚷着告诉妈妈："你不给我买芭比娃娃，我就不去上学了！你愿意去上你就去上吧！"妈妈好说歹说，劝了娟娟半天，结果还是没办法，只好去商场买回娃娃，她才肯去上学。

可是，没过几天，她又不愿意去上学了。放学后，当娟娟抱着娃娃看电视时，妈妈告诉她，你快去写作业吧，不然又得熬夜！结果娟娟立马不高兴了："你为什么老要逼我？我不是已经替你们去学习了吗！不然，你自己去上学去好了，这样你就不会逼我上学了！"娟娟的话语让妈妈很是吃惊，自己为她上学操碎了心，可是娟娟却说她是为了父母上学。

上学本来是去学习知识和文化，但是在孩子的眼中却逐渐成为了令其讨厌的事情。有的时候父母为了哄孩子上学，想尽各种办法，满足他们的各种无理要求，结果孩子就认为上学就是为了父母，会把上学当成任务。其实，除了父母的原因之外，孩子不喜欢上学的原因还有以下几种：

（1）优越的生活条件和物质享受。

对于祖辈、父辈而言，学习的目的是为了改变命运，过上更好的生活。然而，现在的孩子锦衣玉食，衣来伸手饭来张口，因而当父母要求他们好好学习时，孩子就会觉得茫然。此外，祖辈、父辈的宠溺也会让孩子不思进取。

（2）缺乏正确的学习目标。

孩子不爱上学绝大多数是因为其对学习的目的不清楚，他们认为学习、写作业都是为了家长，而不是为了自己。如果父母不及时地给予他们物质或精神鼓励，他们就拒绝上学。

（3）学习任务繁重。

现在的学生课业压力极大，再加上辅导班，学习时间比成年人上班的时间还要长。对于一个孩子而言，无疑是一项巨大的心理和生理挑战，所以就不可避免地导致孩子产生厌学情绪。

（4）不适应学校生活。

如果孩子刚刚踏入小学生涯，很可能会因为不适应小学的快节奏生活而讨厌上学。每节课45分钟的课时，课后的作业，都需要孩子自己独立自主地去适应，去解决。有些孩子适应能力极差，紧张焦虑的情绪使孩子讨厌上学。

针对娟娟这种"为父母学习"的观念，作为父母千万不要强制孩子学习，越是强制越会受到孩子的反抗。那么，如何对待没有正确学习观的孩子呢？

首先，让孩子树立正确的学习理念。父母应该告诉孩子，学习不仅仅可以使你认识广阔无垠的世界，探索未知的奥秘，而且是提升自我的一个平台。父母千万要注意不要为孩子灌输这样一个观念，即学习是为了更好的生活，这样孩子会反问父母，现在我就觉得过得挺好的。父母可以告知孩子学习可以帮助你解决很多问题，比如通过学习，你就可以理解"为什么会有白昼和黑夜之

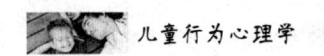

分",这样有助于激发孩子的好奇心和求知欲。

其次,让孩子在实践中体会学习的目的和意义。父母要学会时不时地与孩子沟通,告知孩子好好学习的意义。比如,可以带孩子去逛超市,让孩子帮忙看价钱,让孩子在实践中领悟数学的奥妙;碰到外国人,可以让孩子用学到的英语跟他们打招呼,锻炼孩子的口语能力。

最后,明确观念,告知孩子学习是自己的事情。学习过程的很多环节,预习、复习、写作业、老师表扬与批评都是自己的事情,与爸爸妈妈无关。当然,爸爸妈妈要学会鼓励孩子,帮助孩子解决困惑。只有这样,孩子在鼓舞下,才会快乐地学习。

2.打破砂锅问到底——思维能力在发展

晓晓今年5岁了，她的问题特别多，整天最爱缠着老师或家长问个没完没了，"为什么会有白天和黑夜之分？""晚上为什么会有星星？""为什么天上的星星会发光？""星星为什么这么多，我怎么数也数不过来？""月亮为什么只有一个，有的时候月亮是弯弯的，有的时候月亮是圆圆的？"真的是打破砂锅问到底。

各种千奇百怪的问题有的时候让父母也无法回答，但是看到晓晓这么坚持，爸爸妈妈只好告诉晓晓："宝宝，你的问题超出爸爸妈妈可以回答的极限了。但是，我们认为《大百科全书》中一定有你想知道的答案，要不然你去书中找找答案吧！"

其实晓晓这种打破砂锅问到底的情况，是孩子成长阶段中的正常表现。孩子之所以会这样，是因为他们开始逐渐探索未知的世界，去发现很多复杂、深层次的事情。这个时候，很多浅显的东西已经不能满足宝宝的好奇心和求知欲，他们想挖掘更深层次的内容。这就说明他们的想象力、求知欲、创造力，尤其是思维能力在逐渐增强，与此同时探索世界的欲望也在逐步提高。

相信很多父母都会遇到孩子打破砂锅问到底的情况，可是有的父母觉得孩子提出的问题太过烦琐或者只是一时的兴起，所以有兴趣的时候就认真回答几句，没空的时候就随意敷衍。而当孩子问出的问题父母也无法解答时，就会感到无比厌烦，有的时候还认为孩子无理取闹，打发孩子自己去玩。实际上，这种行为会大大阻碍孩子思维能力的发展。

众所周知，伟大的发明家爱迪生小时候就是一个爱动脑筋、爱思考的孩子，喜欢不停地问为什么。也正是在不断地探索世界、思索世界的同时，爱迪生才得以书写人生的传奇。但是，又有谁关注过，爱迪生的背后还有一位懂得引导孩子思维能力发展的母亲。

爱迪生的母亲是一位普通的小学教师，身为教师的她深知孩子思维发展的重要性。每当爱迪生问妈妈为什么的时候，妈妈总是耐心地解答，即使不会也要翻阅资料或者请教其他人。妈妈从来没有呵责过爱迪生，也从来没有觉得爱迪生的问题无理取闹。妈妈的耐心引导和用心呵护，为后来爱迪生成为举世闻名的发明家奠定了良好的基础。

因此，父母一定要明白，提问是开启孩子思维能力发展的钥匙。有了这把钥匙，孩子才得以打开未知的世界，探索更高层次的复杂事物。幼年时代的发展决定了以后的路，而幼年时代孩子能开启多少智慧之门又取决于父母对孩子的态度。如果父母能够耐心地引导孩子、鼓励孩子，那么孩子就会更加积极、主动地去探索未知的世界，否则就会丢弃钥匙。

所以，父母面对打破砂锅问到底的孩子，首先要积极鼓励孩子独立思考，主动提出问题。当孩子问问题时，父母要认真倾听，并认真解答。也许只是一句肯定，一个表扬，都会让孩子觉得受到了莫大的鼓舞，从而激发他的求知欲和好奇心。

其次，当孩子提出一个问题时，父母要注重启发孩子的思维能力，鼓励其从多个角度出发，引导孩子自己动脑筋解决问题。当然，如果问题太难，父母也可以和孩子一起解决。有的时候因为孩子思维的局限不能理解父母的答案，那么父母可以把问题引到孩子容易理解的地方。这样既不会使宝宝困惑，同时培养他的发散思维。

最后，当孩子的问题父母也无法解答时，父母千万不要不懂装懂，可以询问其他人或查阅资料来回答孩子的问题。或者，让孩子与家长合作寻找答案，在培养孩子合作意识的同时，也使思维能力得到了更好的发展。

当孩子打破砂锅问到底的时候，父母千万不要厌烦，也许只是一句责备的话语就会阻碍其思维能力的发展。这个世界有很多复杂、未知的事情，需要孩子在父母的引导下探索。孩子的提问既是探索，也是求知，更是思维、创新等各方面能力的发展。接受孩子的问题，引导孩子，改变未来！

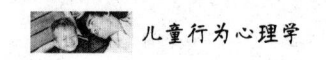

3.默写变抄写——孩子有应付心理

慧慧今年读小学一年级，从小乖巧懂事，家人都觉得非常欣慰。每天放学吃完饭，慧慧都会去书房完成作业。有一次，慧慧完成作业后，让妈妈给签字，妈妈一看慧慧的作业本上整整齐齐地写着一篇课文。妈妈一看是课文，就问："慧慧，为什么要签字？"慧慧告诉妈妈："老师说让父母监督我们默写课文。但是，我已经完成了，所以妈妈要给我签字！"

妈妈看了之后，心想女儿一定是自己默写的，于是就签了字。等到晚上全家人在客厅看电视的时候，妈妈就让慧慧背诵一下课文，慧慧支支吾吾背不上来。慧慧找借口说："妈妈，都这么晚了，不要背了！"妈妈把她叫到身边，她支支吾吾地告诉妈妈："课文是我自己抄写的，不是默写的！"

妈妈随即问："那你为什么不默写呢？"慧慧不以为然地告诉妈妈："我觉得默写太麻烦了，反正你已经签过字了，这就代表我是默写的，只要我交给老师就可以了！"妈妈听了慧慧的话，觉得孩子一定是存在应付心理。

老师让默写，而孩子觉得老师发现不了，随即抄写出来。孩子之所以存在应付心理，其关键在于孩子对学习不感兴趣。

（1）对学习不感兴趣。

刚从幼儿园过渡到一年级的孩子，多贪玩，仍然执念于幼儿时代的各种游戏，于是对学习提不起精神，不感兴趣。乖巧的慧慧可能是因为对背诵不感兴趣，所以不喜欢背诵，采取应付的心理。此外，很多孩子每天都在父母的催促下完成作业，时间长了，他们就会觉得学习是为了父母学习，故而对学习不感兴趣。

（2）抵触心理。

繁重的作业让孩子觉得做作业是件很有压力的事情，所以就会产生抵触心理。拿背诵来讲，起初孩子在背课文的时候，觉得很有趣，但是读了四五遍之后，孩子试着背诵的时候却发现怎么也背诵不下来，就会产生抵触心理。所以，当老师要求他默写的时候，他就会采取应付的态度，将默写变成抄写。

（3）自信心不足。

有些孩子学习能力不足，在学校又很少受到老师的表扬，所以就会选择抄袭来解决问题。当他觉得自己能力不足，不能按时按量地完成老师布置的家庭作业时，就选择用应付的手段来完成。

（4）逃避惩罚。

很多时候老师布置的作业难度大，有些孩子才刚刚能熟读课文，无法完成相应的默写任务。但是如果不完成默写任务，就意味着他会接受相应的处罚。孩子也知道抄写是不对的，但是他们更不愿意接受惩罚，所以才会选择用抄的方式来应付。

父母都希望自己的孩子学习成绩优秀，但是学习态度决定成绩。如果父母发现孩子学习态度不好，一味地应付学习，就要帮助孩子树立正确的学习态度。

首先，让孩子明白学习的目的。父母一定要让孩子明白学习是自己的事情，应付学习实际上是在应付自己。所以，无论是做什么作业，都要秉持认真负责的态度，认真对待每一次作业。

其次，让孩子与身边爱学习、爱写作业的同学一起学习、一起写作业。这样做的目的不仅仅是为了让孩子受到爱学习同学的感染，逐渐意识到自己的问题，同时也可以相互借鉴，相互学习，培养对学习的兴趣。

最后，用心陪伴，随时监督。当孩子出现应付作业的现象时，父母要学会及时地发现其中的问题，找到原因后，及时地调整教育方法，以此取得事半功倍的效果。当孩子在写作业的时候，父母发现问题要及时地予以纠正，利用奖惩方法来激发孩子对学习的兴趣，让孩子爱上学习。

当孩子出现应付作业的情况时，父母千万不要不分理由地责备自己的孩子。在与孩子进行沟通交流的时候，父母要帮助孩子树立自信心，让孩子认识到学习的目的，增加学习的兴趣，让孩子与应付说再见，做一个认真负责的人。

4.一提作业就头大——超限效应在作怪

丹丹就读于市重点小学，今年读小学二年级。上小学之前，丹丹很听父母的话，父母说什么都照着父母的吩咐去做。可自从上了小学后，丹丹有了很大的转变。刚上一年级的时候，为了让孩子考入班级前三名，妈妈经常告诉丹丹："你一定要学习呀！我知道丹丹一定会很听话，很努力的。只有好好学习，超过其他小伙伴，才能让大家都赞赏、表扬你！"起初，丹丹很听话地告诉妈妈："知道了。"

后来丹丹每天放学回来，吃完饭，想看一会儿电视，妈妈就督促丹丹："乖孩子，不要看了！你的作业是不是还没有写完？再说我还为你准备了很多练习题呢！今天学习的内容一定要多加练习，这样在考试中你才能取得好成绩！"就这样，丹丹每天都在妈妈的唠叨中度过。

一年的时间，丹丹早已经厌倦了妈妈的唠叨。有的时候丹丹吃饭慢，吃完饭完成学校的作业后，还不得不完成妈妈布置的额外作业。后来，丹丹就不怎么听话了，也越来越讨厌写作业。放学回家，妈妈只要一提作业，丹丹就大声告诉妈妈："你不要再跟我提写作业的事情了，我头大！"妈妈听了丹丹的话，心里不明白，认为自己催促她也都是为了她好，孩子变得越不懂事了。

后来，妈妈也没有了耐心，因为作业的事情也没少生气，有的时候甚至要动手打她。但是，越是这样，丹丹越抗拒写作业。有段时间，一放学，她就把自己锁在房间里，甚至告诉妈妈："你要是再逼我写作业，我就不活了！"妈妈听了丹丹的话，不知所措，再也不敢催促孩子写作业了。

现在，像丹丹这样"一提作业就头大"的现象并不新鲜。孩子上学后，面临的压力也随之增多。孩子的学业压力是不可避免的，但是父母不恰当的教

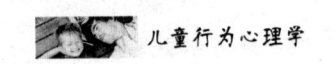

育方式会增加孩子的压力。而这种所谓的压力即超限效应。

所谓超限效应，是指因刺激过多、过强和作用时间过久而引起的极为不耐烦或反抗的心理现象，源自美国著名作家马克·吐温的故事。有一次马克·吐温在教堂听牧师演讲。起初，他被牧师的演讲所吸引，觉得牧师讲得很好，非常感动，准备捐款。但是，过了10分钟，牧师没有讲完，他开始不耐烦，决定只捐一些零钱。紧接着，又过了10分钟，牧师还没有讲完，于是他决定1分钱也不捐。最后，等到牧师终于结束了冗长的演讲并开始募捐时，马克·吐温由于气愤，不仅未捐钱，还从盘子里偷走了2元钱。

超限效应在家庭中时有发生。当孩子犯错时，父母会一次、两次、三次，甚至四次、五次针对一件事批评孩子，使孩子从内疚不安到不耐烦乃至反感讨厌。当孩子厌倦了这样的批评，就会出现"我偏要这样"的反抗心理和行为。那么，父母该如何恰到好处地教育孩子，才不会让孩子受到超限效应的影响？

（1）减少催促和唠叨。

父母希望孩子优秀是情理之中的事情，但是不能太过着急。有些家长对孩子步步紧逼，一放学就让孩子写作业，不给孩子喘息的时间，孩子连休息的时间都没有，自然而然地就会头大。为避免孩子产生厌烦心理，父母要尽量少催促孩子，以免给孩子施加更大的心理压力。

（2）犯一次错，只批评一次。

妈妈对孩子的批评不能超过限度，应对孩子"犯一次错，只批评一次"。如果非要再次批评，那也不应简单地重复，而要换个角度、换种说法。这样，孩子才不会觉得同样的错误被父母"揪住不放"，厌烦心理、逆反心理也会随之减低少。此外有的时候，父母可以用温婉的语言引导孩子认识到自己的问题和错误，并指导其改正。

父母要求孩子优秀本就无可厚非，但是不能对孩子要求过高，揪住孩子的错误不放，要明白物极必反。因此，父母在教育孩子的时候要把握好分寸，否则，孩子产生超限效应，就会不愿意写作业，不愿意学习，父母也达不到教育孩子的效果。对孩子的教育只有恰到好处，才能让孩子欣然接受。

5.临阵磨枪，不快也光——心存侥幸心理

"婷婷，下周一就要英语测试了！从现在起，你就要开始准备好好复习了。"妈妈叮嘱着婷婷，担心婷婷这次英语又考砸了。话音刚落，婷婷告诉妈妈："妈妈，不用着急，我周日还有一天的时间，来得及！"妈妈告诉婷婷："你不能总是这样，上次你就是这样，结果不及格！""哎呀，妈妈，上次是我复习时间太少了，周日还有一天时间呢！你没有听过一句话吗，临阵磨枪，不快也光！"

妈妈听了婷婷的话，顿时觉得很是无奈。上次英语测验前，妈妈就提醒婷婷好好复习准备考试，可是她却不以为然，结果考试成绩不理想。没想到，婷婷这次又觉得复习一天的时间就够用了。

其实，婷婷这种"临阵磨枪，不快也光"的学习态度是心存侥幸心理的一种表现。这句话意指事到临头才做准备，尽管不会很锋利，但至少比不磨更光亮。孩子上学期间存在这种心理是一种正常现象，父母要理性地看待，采取相应的对策。

孩子心存侥幸心理的原因：

（1）学业、考试压力大。

孩子在面临作业、学业压力的同时，还要面临沉重的考试负担。有的时候，孩子一考试就是好几门学科，导致其不会合理地分配时间复习相应的学科。某些情况下，学业压力会给孩子带来一定的心理负担，让孩子不愿意准备考试，因此只愿意提前一两天看看，希望可以侥幸获得好成绩。

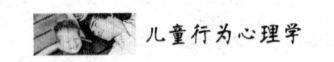

（2）孩子自我意识的作用。

有些孩子觉得自己平时作业完成得非常出色、测验也经常取得高分，得到老师的表扬，所以考试对其而言就是小菜一碟。这个时候，孩子就会觉得只要自己随便学习一下，成绩就可以提高。但是，他们并没有意识到记忆规律及遗忘规律，短时间的复习只能记住知识点的皮毛，不能深入记忆知识点。

（3）受周围群体的影响。

如果孩子周围的同学在该准备复习功课的时候不复习，皆认为自己提前一两天准备一下就可以了，那么他自然而然地也会养成这种习惯，学习、做事都会抱有侥幸心理。

当然，孩子心存侥幸的原因还有很多，诸如父母平时做事漫不经心，孩子也会效仿。面对孩子的侥幸心理，父母要学会分析孩子内心的想法，及时地与孩子沟通，在陪伴孩子学习的过程中，让孩子逐渐明白侥幸心理的利弊，做到不打无准备之仗，做一个时刻准备的人。

首先，父母要尽量杜绝孩子的应付心理。学习是自己的事情，无论是学习中的成功还是失败，都要让孩子自己去面对。当孩子心存侥幸，处理学习中的事情时，父母要让孩子独立地承担结果。失败了，就要分析失败的原因，让孩子明白侥幸的弊端，从内心深处真正意识到侥幸的害处。

其次，教会孩子合理地分配学习时间。繁忙的学业压力让孩子不知道该如何分配学习和复习时间，这个时候父母要引导孩子合理地分配学习时间，可以根据学科的难度和孩子掌握的程度来划分。这样，就能让孩子在准备考试的时候，合理分配复习时间。

第三，让孩子多看一些名人成功和失败故事，感悟名人成功所付出的艰辛，体验失败后所遭遇的种种质疑和难过。这样，孩子就会逐渐明白，成功并非一蹴而就，逐渐地体会到无论是学习还是生活，做什么事情都需要自己时刻准备好，才能自信满满地迎接未知的挑战和困难，才能更加珍惜成功的不易。

最后，随时督促孩子，监督孩子。父母要提醒孩子及时复习，及时记忆，理解知识点，陪伴孩子学习成长每一步。

每一个孩子都是努力的，都希望取得好成绩，但是有时没有掌握学习的好方法。父母身为孩子的第一任教师，要耐心地引导孩子掌握学习方法，并且与任课老师沟通、交流，在学习上做到有备无患。与此同时，父母在告知孩子学习方法的同时，也要让孩子与侥幸心理说再见，让孩子做一个时刻有准备的人。

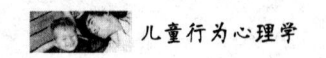

6.轻易放弃难题——缺乏挑战精神

"妈妈，这道题目我不会做！你快来帮我算一下！""爸爸，你快来告诉我这个字怎么写！"四年级的瑾儿每天做作业的时候，爸爸妈妈总是好一通忙活，不是叫妈妈，就是叫爸爸过来帮忙。妈妈也是很无奈，明明他再思考一分钟答案就出来了，可是非得说自己不会。

爸爸妈妈觉得瑾儿太容易放弃了，一道题明明再多看一遍就懂得，但总是草草看一眼就说这道题太难了，我不会做；明明一个陌生的字或词语自己查一下字典就可以了，但是总是说太难了，我不会查。每天晚上做作业的时候，隔几分钟就喊一次家长，完全依赖家长，遇到难题轻易放弃，不肯动脑筋。父母担心孩子小小年纪就不愿意挑战自我，长大后又该如何面对困难和挫折。

孩子轻易放弃难题的原因及相应的对策如下：

原因一：父母的"好心"。

很多时候，父母总是急于帮助孩子或者打断孩子正在做的事情，导致孩子没有时间自己动手和尝试。当宝宝在玩积木或拼插玩具的时候，父母不要着急地打扰他。也许孩子会拼错，但是父母不要着急地去教给孩子所谓"正确"的做法，而让孩子失去了独立探索和尝试的机遇和空间。孩子喜欢自主地、自由地完成一件事情，父母的"好心"帮忙只会打断孩子的思考，久而久之让孩子养成依赖家长、不愿意动脑筋的习惯。

对策：放手让孩子独立完成。

父母需要有更多的耐心，当观察到孩子在全身心地投入并完成一件事情时，哪怕他做错了，或者在大人眼里是非常荒唐的事情，也要给予孩子足够的时间让他忙完手头的事情。这样，孩子在完成一件事情的时候，就会产生满满的成就感。这种成就感会让孩子体会到努力学习、探索的奥秘，让孩子有足够的动力去思考和挑战。

原因二：负面评价导致孩子缺乏信心。

当孩子做错事、做错题时，如果家长总是一味地责备孩子，就会让孩子产生挫败感。长期的负面评价会让孩子感觉自己是一个失败者，既使他们有能力去解决问题，也不愿意去改变、去尝试，而是选择放弃。长此以往，就会形成一个恶性循环，导致孩子缺乏信心，更不愿意挑战难题了。

对策：多些理解，少些批评。

如果父母发现孩子经常出现退缩、不愿意挑战自我，或者表现出"我不行"等情况，那就需要反思是不是对孩子的要求太过苛刻。父母除了平时鼓励孩子之外，还需要用心观察孩子生活、学习中进步的点点滴滴，让孩子逐步建立自信。

原因三：孩子没有准备好迎接挑战。

父母不能期望两三岁的孩子达到四五岁孩子的理解能力和做事能力。当孩子面临的任务大大超过孩子的能力，或者孩子还没有做好心理准备，就会很容易放弃。

对策：学会反思，调整难度。

父母当看到孩子不愿去尝试的时候，一定要先学会反思自己，分析事情的难度是否适应孩子当前的身心发展情况。也许，孩子真的是需要父母的帮助，或者有的时候我们要调整一下任务难度，给予孩子恰当的帮助，让孩子自主地完成挑战。

原因四：不恰当的表扬。

如果父母习惯性地夸孩子聪明，也有可能让孩子产生这样一种意识，即成功取决于自己聪明与否，最后导致孩子不愿意面对新的挑战。在他们看来，他们宁愿不做，不愿意挑战失败后不但得不到大家的表扬，反而会被说成不聪明。

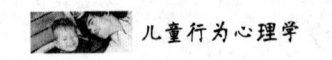

对策四：多鼓励孩子，少评价结果。

鼓励与表扬有着不同的含义。父母在孩子成长的过程中，要多鼓励孩子做事的过程和态度。你可以告诉孩子，你今天在攻克难题的时候很认真，态度很好，特别棒！下次继续加油！这样会让孩子无形中体会到挑战难题的快乐，从而在以后的学习过程中继续努力。

孩子轻易放弃难题，是一种缺乏挑战自我的表现，这其中的原因还有很多，要多分析。父母在陪伴孩子学习成长的过程中，要教会孩子勇于独立地挑战自我，勇于攻克难题，让孩子享受过程的美好，体验学习的快乐。这样，孩子在日常生活中也能独立解决难题，享受挑战的乐趣。

7. 上课老走神——注意力不够集中

鹏鹏今年5岁，在家人的百般宠爱下长大，衣来伸手饭来张口。鹏鹏特别喜欢玩玩具，家中各种大大小小、类型的玩具数不胜数。但是他有个坏习惯，每个玩具玩不了多长时间，就跟妈妈嚷着要买新玩具。有时候爸爸严厉地批评他，告诉鹏鹏："咱们家的玩具都快堆成一座小山了。"但是，无论家里人怎么讲，鹏鹏就是哭着闹着要家里人买，没办法妈妈不得不给他买。

有一天，幼儿园老师告知妈妈鹏鹏的注意力总是不太集中。老师上课持续超过5分钟，他就东看看西瞧瞧，坐也坐不住；下课和其他小朋友玩游戏的时候，玩着玩着就不玩了，转而去做其他事情；中午吃饭的时候，经常只吃了三分之一他就跑到一边去干其他事情，老师再怎么叫他他也不回来吃饭。

生活中，像鹏鹏这样的情况很多，上课老走神，注意力不集中，不能专心听讲；即使下课玩游戏的时候也是一会儿想玩儿这个，一会又想玩儿那个。那么，孩子上课老走神，玩游戏没长性的原因有哪些呢？

（1）孩子大脑发育不完善。

由于孩子还在长身体的阶段，大脑发育不成熟，因此神经系统兴奋和抑制过程也不平衡，所以注意力不集中是他们的共性。心理学实践证明：3岁的孩子注意力可维持3～5分钟，4岁的孩子可维持10分钟，5～6岁的孩子可维持15分钟，7～10岁的孩子可维持20分钟，10～12岁的孩子可维持25分钟左右，13岁及以上的孩子可维持30分钟。孩子越大，大脑发育越完善，注意力越趋于稳定。

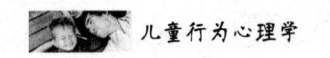

(2) 父母过度放纵孩子。

现在的父母有的时候太忙，无暇陪伴孩子玩耍，所以常常给孩子买一堆玩具，让孩子自己选择。当孩子面对琳琅满目的玩具时，往往会玩玩这个，摸摸那个，把每个玩具都看一遍，这就无法培养孩子的注意力。有的时候，父母在教授孩子知识的时候，任由孩子的性子，孩子不喜欢就不学了，这样也不利于孩子注意力的培养。

(3) 饮食及健康方面的问题。

某些情况下，孩子注意力不集中是由于身体不适造成的。当孩子患有多动症或患有视觉、听觉障碍等不明显的疾病时，父母很可能不会发觉。同时，孩子的饮食中若含有较多的添加剂、防腐剂时，也会影响孩子注意力的发展。

注意力是指人的心理活动指向和集中于某种事物的能力，稳定和集中的注意力是孩子未来成功的关键，也是孩子学习能力最基本和需要的技能。那么，父母怎样才能改善孩子的注意力呢？

(1) 不要打扰、分散孩子的注意力。

有些父母在孩子学习的时候一会儿削个苹果送进去，一会儿送一杯开水或饮料；一会儿提醒孩子要保护眼睛，一会儿批评孩子这道题做错了，一会儿又表扬孩子字写得不错。这样会分散孩子的注意力，弄得孩子心烦意乱，孩子怎么还能专心学习。

(2) 给孩子一个明确的完成作业的期限。

父母可以这样告诉孩子，你可以不认真，但你必须在九点钟之前完成作业，否则，你明天就会迟到。在培养孩子时间紧迫感的同时，慢慢地让孩子形成学习规律。这样，孩子有了明确的任务，学习时就有了紧迫感，才能保持紧张状态。当然，要求孩子学习时，时间不能太长，也不能要求孩子长时间做同一件事。这些都会导致孩子注意力不集中。

(3) 帮助孩子提高专心程度。

主要可以通过奖励措施来增添兴趣，从而提高专心程度。比如，当孩子按时完成作业后，家长不但要从言语上加以表扬，还可以辅助一些别的奖励。

也可以为孩子设定一个假想的竞争对手，提醒他"某某每天晚上只需花一个小时就能完成作业，还有时间看动画片呢"。

此外，父母要为孩子营造一种良好的学习环境。许多孩子注意力不集中，主要与家庭环境有关。当孩子学习时，家长一定要保持安静，不要让孩子注意到家长在做什么。如果家长一直保持着良好的读书、学习的习惯，孩子也能耳濡目染。

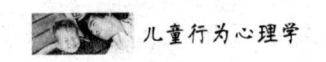

8.理解力相对较差——没有养成阅读的习惯

小草今年上小学一年级,语文和英语成绩在班里遥遥领先,但是数学成绩较差。在妈妈看来,她学数学就不会拐弯,妈妈有的时候脾气急躁,一看到特别简单的题目女儿不理解就非常生气。比如数学一些简单的算式4-2=2、3+1=4她可以明白,但是2+2=4-( )、2=( )-2就不明白了。妈妈有的时候一着急就大声说话,小草就哇哇大哭,这让妈妈也很是心疼。眼看就要上二年级了,孩子理解能力真是让人发愁。

现在很多父母都会遇到这样的情况,孩子理解能力差,怎么解释孩子也听不明白,也不知道怎样提高孩子的理解能力。其实,一个人的理解能力在很大程度上取决于其大脑中所存储的经验和知识。一个有着丰富阅读经验的人,大脑中具备丰富的知识量,能够快速地提取、理解听到的或看到的语言意义,相反阅读贫乏的人,听课、读书的理解力就相对较差。

阅读会激发孩子的理解力、想象力、语言表达能力等各种能力。所以,孩子无论上小学还是中学、大学,乃至读博士,都要通过阅读提高理解力,在阅读的基础上提高自我,改善自我。调查研究发现,爱阅读的孩子悟性高,注意力集中时间持久,阅读和听课的理解力强,分析问题、解决问题的思路广并且深入,口头和书面表达能力也强,各科成绩优良。所以,父母要根据孩子年龄和身心发展特性陪伴孩子阅读,提高孩子理解能力。

第一阶段:2~3岁。

父母要抽出一定的时间陪伴孩子一起读书,时间最好选择在睡前,这样既能让孩子静心,也有助于孩子睡眠。当然,父母要让孩子自主选择喜爱的读物，或许他喜欢某本书的封面，或许他喜欢某个卡通人物，或许他喜欢你讲故事的方式。此时，读书的目的不是为了让孩子认字，而是让孩子走入书的世界。

需要注意的是，父母要为孩子阅读营造安静、舒适的环境，让孩子集中注意力。在陪伴孩子读书的时候，父母可以扮演不同的角色，并配上各种表情动作，将枯燥无味的知识生动形象地演绎出来，让孩子感受读书的兴趣。

第二阶段：4～5岁。

四五岁的孩子理解力、语言表达能力、想象力等能力都有所提高，父母可以带他到书店让他自主选择喜欢的书。读书期间，父母可以和孩子共同探讨一些问题，比如如果他是文中的主人公，他会选择走何种道路？无论孩子作出何种回答，都不要去否定他，父母的主要任务是引导孩子尽量周全地思考问题，以锻炼孩子的想象力和逻辑思维能力。此外，父母还可以和孩子分人物扮演书中的角色，让孩子切身体验书中人物的喜怒哀乐。

第三阶段：6岁以后。

孩子上小学后，就需要开始大量地阅读书籍。此时父母可以从当地图书馆借大量的书给孩子，让孩子读自己喜欢的书籍，通过大量泛读，锻炼孩子的识字能力、理解问题的能力和想象力。父母在孩子这个年龄段最重要的是帮助孩子解决困惑，借此机会也能够了解孩子的思想，及时给孩子一些建议，也有助于建立密切的亲子关系。

很多家长担心孩子读课外书会耽误学校的功课，事实正相反。阅读不仅不会耽误功课，更能提高孩子的学习能力。孩子读的书越多，就越会对写作产生浓厚的兴趣，有些孩子会在此期间养成记日记的习惯。家长可以给孩子多买书，条件允许的情况下置办一个书架，让孩子有书可看。

第四阶段：小学高年级。

小学高年级的学生阅读能力已经很强了，孩子阅读完书籍后，父母要和孩子及时沟通讨论，与孩子建立心与心沟通的桥梁，让孩子在读书中开阔眼界，掌握知识，分享读书的乐趣。

　　书中自有黄金屋，书中自有颜如玉。读书不仅可以学到知识，还能够开阔眼界，滋养心灵。爱看书、爱阅读的孩子就好比插上了一双翅膀，让孩子有更加充沛的精力去迎接以后学习中面临的挑战。

第七章

道德行为：为孩子的不道德行为找找原因

　　对于孩子来说，道德行为是具体的，但这些具体的道德行为的培养关系到一系列复杂的品德心理。道德行为的训练和培养要从小做起，如果不道德的行为得不到及时纠正，便会成为人生道路上的绊脚石。

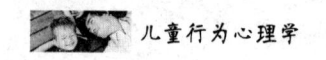

1.孩子学会了撒谎——认知发展的需要

鑫鑫3岁了,有一天鑫鑫邀请其他小朋友一起到家里玩耍。正玩得开心的时候,几个小朋友跑到鑫鑫妈妈跟前说:"阿姨,鑫鑫摔倒了,在哭呢!"妈妈急忙跑过去,发现鑫鑫正坐在地上,号啕大哭。妈妈立刻跑过去将鑫鑫扶起来,并检查她有没有受伤。好在没有什么大碍,只是膝盖破了点皮。

"是欢欢推的,把鑫鑫弄哭了!""嗯,是的,就是她!"几个孩子小声嘟囔,将矛头都指向欢欢。妈妈借着孩子们看动画片的时间,将两个孩子叫到一起询问刚刚发生了什么事情。妈妈问鑫鑫:"宝宝今天怎么了?怎么好好的就哭了呢?是自己摔的吗?"

鑫鑫看着妈妈,一句话也不吭声。妈妈接着问鑫鑫:"那是其他小朋友推的宝宝吗?是欢欢吗?"鑫鑫仍然不说话,却点点头。这急坏了同来的欢欢。欢欢告诉鑫鑫妈妈:"阿姨,不是我推的,我没有推她,是她自己摔倒的。我过去的时候她就已经摔倒在地上了,跟我没有关系。"

这时,另一个小朋友也跑了过来,说道:"阿姨,阿姨,我知道,就是欢欢推的。"妈妈接着问:"那你是亲眼看见啦?她是怎么推的,你给阿姨示范一下。"这时候,小朋友不知所措,支支吾吾,与此同时鑫鑫的眼神似乎有些紧张。妈妈问道:"宝宝可不能撒谎,是别人推的?还是你自己摔倒的?告诉妈妈。"最后,鑫鑫低着头告诉妈妈是自己不小心摔倒的。

在日常生活中,家长常常会遇到孩子撒谎的现象。最新研究表明,大部分3岁的儿童已经学会撒谎了。研究者对65位年龄不同的小孩进行测试,将他们分别安置在一个独立安静的房间里,房间内设有隐藏摄像头。研究者要求进入房间的小孩要闭住双眼,不准偷看玩具。

摄像头记录了房间里的一切,结果80%的小孩偷看了玩具。当研究者对小孩进行询问的时候,其中25%的两岁小孩表示未曾窥视,90%的三岁小孩表示没有没有,绝对没有。但当研究者问孩子们房间里有什么玩具时,76%的孩子就脱口而出,直接证明他们的确偷看过玩具。

孩子之所以撒谎的原因是多方面的。一般而言,3岁左右的孩子正是想象力丰富的时候,但是又无法去辨别事情的真实性,常常会把想象的事当成真的事来说。例如小男孩想拥有一只小狗,为此他可能会对其他小伙伴说"我有一只非常可爱的狗狗"。大人觉得孩子在撒谎,其实他们并非故意的。

有的时候孩子想逃避某些事情,可能会撒谎。比如有些孩子不愿意去幼儿园,常常会对家长撒谎说"我肚子疼";有的时候孩子为博得父母的关注,就用撒谎的方式来引起注意;如果家长平时谈话中说谎,例如"今后上班迟到了,我就说路上堵车",言传身教让孩子觉得爸爸妈妈可以说谎,孩子也可以说谎。

其实,孩子撒谎现象的出现在一定程度上是认知发展的需要。孩子年龄小、个子小,他所观察、体会到的事情,与成人观察到的自然有所区别。所以,孩子在表达一些话语时,就会显得很夸张。例如:"我家里有一个像房子一样大的气球。""我们家的动物要比动物园里的动物还要多。"

从另一层面而言,撒谎这项技能既要求孩子有意识地掩藏大脑中的真实答案,同时记忆并给予他人所希冀的答案。掌握该项技能的小孩已经具备了抑制控制和工作记忆等认知技能。所以,父母要学会客观地看待此事,千万不要认为孩子一撒谎,就认为他是小骗子,对他大声斥责。

为了得到想要的东西而撒谎可能是人类的天性。孩子在具备一定的认知功能后,就逐渐地学会并使用这项技能。如果家长发现孩子开始撒谎请不必担心,抓住时机教育引导才是上策。

要使孩子不"说谎",家长首先要以身作则,言传身教。要多关心孩子的生活,给孩子设定的目标也要切合实际,不要好高骛远。如果孩子做错事,一定要学会积极引导,帮助孩子树立正确、积极的观念,以期发生正面的行为。

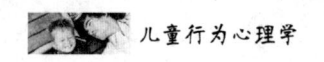

2.家有小霸王——霸道，不知道礼让他人

奇奇今年5岁了，父母每天忙于工作，出生后5个月就一直由爷爷奶奶照顾。每天早上，奇奇起床，穿个衣服都要用将近半个小时的时间；每次吃饭不到三口就跑到客厅看电视，不然就跑到楼下玩耍；鞋带松了也不自己系，奶奶一路小跑过来给他系上；在家里淘气捣蛋时，爸爸妈妈还没开始批评教育他，他就钻到爷爷奶奶的怀抱里，弄得大家都没有办法。

奇奇的坏脾气让大家都很是无奈。在小区里，他经常喜欢欺负其他的小朋友。更重要的是，爷爷奶奶老护着奇奇，经常替奇奇撑腰。结果，小区里的小朋友们都不喜欢和奇奇玩，奇奇大部分时间都和爷爷奶奶待在家里，脾气也越来越差，但凡有一点没有达到他的要求，他就开始大哭大闹。

六一儿童节当天，奇奇的爸爸妈妈带着他去公园玩，想陪伴他度过一个快乐的儿童节。走到公园门口的时候他看中了一架红色的小飞机，正好有个小男孩也想买，但只有一件。奇奇于是吵着嚷着非要买下来，爸爸示意儿子把飞机让给对方："他是弟弟比你小，哥哥应该谦让弟弟，爸爸回头给你买架更漂亮的。"

没想到话刚说完，奇奇立马不乐意了，二话没说，劈头就从小男孩手中夺过飞机，还打了对方一拳。奇奇的爸爸妈妈忙给对方家长赔不是，结果公园也没玩，就连忙带着奇奇回家，关上家门开始对儿子进行教育。

奇奇这种霸道行为并非个别现象。调查研究表明，与奇奇家有类似经历的家庭不在少数，有66.2%的家长明确表示，自己的孩子很霸道，有28.2%的家长不清楚孩子的霸道行为，5.6%的家长认为孩子发发脾气，属于正常行为，不霸道。

奇奇的霸道行为几乎是大部分小霸王的通病，这样的孩子大都以自我为中心，不知道礼让他人，奇奇的爸爸妈妈和爷爷奶奶正是他形成霸道行为的"帮凶"。父母忙于工作，陪伴孩子的时间太少，一直觉得亏欠孩子，在仅有的陪伴孩子的过程中，只要不提出特别过分的要求，父母都会同意。而爷爷奶奶对奇奇又是极度宠爱。

调查研究表明，祖辈的偏爱和父母希望孩子得到最好照顾的想法是产生小霸王的两个重要原因。霸道行为的产生是一个逐渐累加的过程，当孩子以自我为中心，做事蛮横无理时，父母要采取措施制止。儿童心理学家认为，当孩子出现霸道行为时，可以将孩子放在一个安静的无人区域中，但要在父母视线范围内，不理会孩子任何的哭闹行为。在孩子的情绪逐渐稳定后，父母应与孩子静下心来面对面沟通，讲述是非，辨别错误，阐述不可以这样做的理由。

孩子的霸道行为是儿童以自我为中心的表现形式之一，因此帮助孩子学会从他人的角度思考问题，懂得礼让他人是最基本的待人接物之道。要多给孩子创造交友的机会，多和同伴一起玩耍，让他慢慢学会分享，而不是成为家里的"小霸王"；也可以给他做小哥哥、小姐姐的机会，鼓励他照顾小弟弟和小妹妹，孩子的自尊心会让他们很好地完成该项任务。在照顾他人的过程中，他能够逐渐体会到帮助他人的快乐，这对其霸道行为的减少也有一定的作用。

当孩子出现霸道行为时，不要过分处罚或指责孩子。对于那些爱发号施令的孩子而言，其实他们很缺乏自信。要想安抚孩子不安的心，就要减少对他们的过度控制和责备，多给孩子自由、亲情和关心。这样，孩子就不再以发号施令来证明自己的重要了。此外，家长不要在别人面前谈论孩子霸道任性的缺点，以免让孩子产生逆反心理。

如果孩子在某一方面的行为不好，父母要想方设法地引发他另一方面的良好行为。当良好行为出现时，父母就要鼓励他，称赞他，以强化孩子的良好行为。

总而言之，对于孩子的霸道行为，父母的培养策略极为重要，平时要多花点时间陪伴孩子，多给孩子关爱，懂得拒绝孩子的不合理要求，引导孩子健康成长。

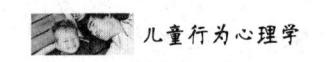

3.对他人的帮助不知感激——缺乏感恩之心

车站内，柯柯的妈妈手里拎着塞得满满的大包小包，带着柯柯等公交。好不容易挤上公交，车上还没有座位。一个年轻的小伙子见状，立马起身，跟柯柯的妈妈说："在这里坐吧！"说着还帮柯柯的妈妈拎包。妈妈连声对小伙子说谢谢，并对柯柯说："快跟哥哥说谢谢！"没想到，柯柯却说："哎呀，你烦不烦，赶紧坐吧！"这让妈妈很是尴尬，一个劲地跟小伙子说谢谢。

如今，孩子的早期教育越来越受到家长的重视，各种兴趣班填满了孩子的日常生活。家长在重视孩子知识、能力的同时，却忽视了孩子的感恩教育。感恩是一种双向的情感交流，孩子在接受其他人帮助的同时，也要去感恩别人，在感恩他人的过程中，情感也得到升华。

孩子对他人的帮助不知道感激，是缺乏感恩意识的表现，最重要的原因是父母对孩子的不知感恩不重视甚至是纵容。在家里，家长们给予孩子无微不至的关怀，特别是爷爷奶奶带大的孩子，大多往往是无条件地满足孩子各方面的需求。所以，孩子就会认为家长的付出和他人对自己的帮助是理所当然的。

伴随着人们生活水平的提高，即便是农村长大的孩子，也很少能体会父母一辈受过的苦。家长们觉得自己小的时候吃过的苦已经够多了，孩子们只要好好学习就好，能不吃苦就不吃苦，同时也忽略了孩子品行的塑造。若任由孩子发展，就会导致了孩子不知道感恩他人，感恩父母。

让孩子学会感恩，其实就是让他学会尊重他人，对他人的帮助时常怀有一颗感激之心。当孩子感谢他人的善行时，自己也会模仿他们的善举，这给予孩子行为的暗示，让他们从小知道爱别人，帮助他人。教育孩子感恩，从以下几个方面做起。

（1）让孩子从感恩父母做起。

现在很多孩子喜欢围聚在一起吹嘘自己父母的显赫地位，吹嘘家里有多富有，但他们并不知道父母工作的辛苦，不知道父母的钱亦是来之不易。有调查表明，很多小学生认为父母的付出是理所当然的。所以，父母可以将孩子带到自己的工作现场，让孩子间接参与劳动，亲身体验父母工作的艰辛。父母对孩子的付出是不求回报的，但是在孩子的成长过程中，父母要让孩子懂得感恩，知恩图报。

（2）父母要以身作则，做好表率。

孩子在孩童时期喜欢模仿，容易受到外界信息的影响，父母的一言一行都会给予孩子行为上的暗示。因此，父母在对孩子实行感恩教育的过程中，要以身作则，做好感恩的表率。父母不仅要教会孩子在日常生活中保持一颗感恩之心，还要用爱引导、感染孩子。当接受他人帮助时，父母首先要感谢他人；当孩子关爱或帮助他人时，父母要鼓励孩子。

（3）父母要在孩子面前适当示弱。

如果父母把什么事情都做得又快又好，那么孩子就没有锻炼自己的机会。久而久之，孩子理所当然地认为所有的东西只要接受就可以了，别人的给予也都是应该的。让孩子自己动手去做一些事情，当孩子自己完成不了需要他人帮助的时候，他就会获得被帮助后的快乐和满足，也就理所当然地学会了感激他人。

（4）利用各种节日教会孩子感恩。

利用各种节日的机会教会孩子感恩。过年时，当长辈送给孩子礼物时，父母要教会孩子学会感谢，不管红包大小、礼物多少，都要教会孩子妥善保管，珍惜他人的情意；教师节，父母可以陪伴孩子制作贺卡送给老师，以表达对老师的感谢和美好祝福；父亲节、母亲节，要教会孩子对父母说些感谢的话语，可以感谢爸爸妈妈的辛苦，也可以表达感觉幸福的点点滴滴。

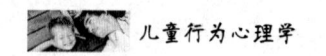

（5）让孩子积极参加集体活动。

父母要鼓励孩子多参加集体活动，关心集体，培养孩子对集体、对家庭的责任心，让孩子在集体活动中懂得奉献，关心他人，学会感恩。

总之，父母要明白，孩子的品质、行为是不断培养出来的，父母要从生活中一点一滴的小事做起，让孩子懂得主动尊敬他人，感恩大家。父母要明白，感恩他人是一个关怀他人、尊重他人、提升自我的过程。孩子的性格具有可塑性，将感恩之心埋在心田，才能不断开花结果。

4.考试作弊——不懂得诚实做人的道理

一天，奇奇妈妈接到儿子班主任的电话，说奇奇考试的时候带小抄，考试作弊。妈妈听完后，感到非常震惊，也很不好意思。而且，班主任还告诉奇奇妈妈，奇奇考试作弊不是一次两次了，希望能引起父母的重视。事后，妈妈严厉地批评了儿子，并跟他讲述了作弊的坏处，可他不仅不听从，还振振有词地说："不抄白不抄，别人都抄出了好成绩，我不抄不是亏了。再说，考不出好成绩，您能给我买新玩具吗？"

像奇奇这样作弊的现象并不少见。很多孩子作弊大多是为了获得好的成绩，为了获得老师或家长的物质或精神鼓励，获得心理的满足感。殊不知，作弊是一种不诚信的表现。孩子作弊，一旦养成习惯，很可能影响到以后的学习、生活和工作。因此，父母必须及时地找到隐藏在作弊行为背后的内在原因，并及时地予以纠正。孩子作弊的原因有以下几个方面：

首先，来自家长的压力。在很多家长看来，学习的好坏与否体现在考试成绩上。父母并不知道，上学期间除了提高孩子的成绩，更重要的是塑造孩子健全的人格、优秀的品质和健康的体魄。因此，一旦孩子有一次考试成绩差，父母就认为孩子不好好学习，这就导致孩子在压力之下采用非常手段达成目标——优异的考试成绩以及让家长满意的名次。而这种手段，就是作弊。

其次，来自学校或班级的压力。在每个班级中，优秀的学生理所当然地能够得到老师的喜爱，而衡量一个孩子优秀与否在很大程度上就是考试成绩。孩子考试成绩欠佳，在班级中往往处于被动的、落后的状态，甚至会被老师冷落。为了赢得老师的关注与同学的信任，孩子不得不选择作弊。

再次，班级中的不良风气。有调查研究显示，考试抄袭绝非个例，而是一个普遍现象。如若在一个班级中，有人在考试时作弊却未被老师发现，或者被老师发现却并未采取有效的惩罚措施，抑或有些同学因作弊而取得好成绩还得到了老师的表扬，则必将在其他学生心中引发"诚实危机"，作弊之风随之盛行。

最后，缺乏自信。其实每个作弊的孩子都非常上进，都希望取得优异的成绩，都想为父母争光。但是一次又一次的失败让他认为仅凭自己的能力，无法达到父母、老师的要求。于是他采取了一种取巧的方法——作弊。

那么作为父母，又该如何帮助孩子改正作弊的坏习惯，教会孩子诚实做人呢？

第一，找出孩子的具体病因，对症下药。每个孩子的病因各不相同，只有搞清楚了具体的原因，才可以对症下药、标本兼治。切不可一知道孩子考试作弊，便大发雷霆，责备孩子，给孩子扣上"不诚实"和"坏孩子"的帽子。

第二，多关注孩子的闪光点，帮助他树立信心，让他享受成功的快乐。每个人的能力各有侧重，有的偏向于逻辑思维，有的偏向于形象感知，有的在语言方面近于白痴，却在音乐方面有着惊人的天赋……只要发现了孩子的特长并加以强化，让他享受到成功的快乐，他就会觉得："原来我也很优秀，原来我并不比别人差。"孩子的信心就会随之确立。

第三，让孩子树立一种观念，宁要"诚实的失败"，不要"虚假的成功"。父母要告知孩子，诚实的品德比分数更重要，诚信的缺失将使很多伙伴远离你，也不利于你以后的成长与进步。与此同时，诚实品德的养成绝非一朝一夕之功，需要老师、家长乃至整个社会的潜移默化、言传身教、以身作则。

最后，要想杜绝孩子作弊的行为，家长最好能根据孩子的具体心理来引导，面对孩子作弊，父母应该向孩子讲明作弊的危害性。考试作弊是一种自欺欺人的不良行为，即使偶尔瞒过了老师，但是时间长了，终究会露出马脚，最终会害了自己。此外，父母要以身作则，如果父母在生活中撒谎作弊，并由于侥幸瞒过了他人而洋洋得意，这将深深影响到孩子。

总之，孩子作弊是一种自欺欺人的不良行为，父母在引导孩子的时候应该告知孩子诚信做人的意义，引导孩子诚实守信。

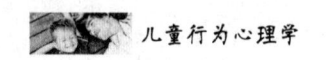

5.喜欢炫富——缺乏正确的价值观

波波的妈妈今天去幼儿园接送他放学的时候,听到波波跟其他小朋友的对话。波波指着一个小男孩的新书包说:"你的新书包才50多块钱啊?我的新书包可是米奇的。米奇你知道吗?你不会连听都没有听说过吧!这可是我妈妈托人在国外给我买的限量版。"小男孩听完站在那里挠头,不知该如何接下去。

接着,波波又问人家:"你爸爸开的什么车送你上学啊?"小同学开心地笑了起来:"我爸爸骑电动车送我。"波波哼了一声说:"那是什么破车啊?我爸爸开的可是宝马,可漂亮了。"小男孩问波波:"马只能骑,怎么能开呢?"波波得意地告诉他:"真老土,宝马是车的名字。"

妈妈听完两个孩子的对话,非常生气地拉着波波往回走。妈妈问波波:"你为什么要这样和小朋友说话?"没想到话还没有说完,波波就一屁股坐到地上,并告诉妈妈:"幼儿园里的其他小孩子都是这样的呀!他们都说他们家多有钱,多有钱,我不想让他们小看我!"

回到家里,波波跟妈妈说,昨天幼儿园让大家参加活动,每个人要交10块钱。老师话音刚落,萌萌说:"10元算什么,100元我也交得起!"真真说:"200元我也交得起!"乐乐说:"我爸爸给我买了好几百块的玩具呢,这点钱算什么!"明明说:"我家还有小轿车呢。你家是什么牌子的车?桑塔纳吗?"还有一些小朋友说,他家有3层楼别墅,或他家有摄像机;等等。

妈妈听完非常震惊,不知道现在孩子脑袋里一天想的是什么。家长给予孩子丰富的物质生活，希望让孩子幸福，但是却造成了孩子的盲目炫富。小孩子炫富的内容，大到家庭居住环境、汽车品牌，小到衣服、玩具，无所不有。孩子在炫富的过程中正在形成一种错误的价值观。

所谓价值观是一个人在后天形成的，通过社会化培养出来的认定事物、辨别是非的一种思维或价值取向。家庭、学校等群体对个人价值观念的形成有关键的作用，其他社会环境也有重要的影响。个人价值观的形成是一个循序渐进的过程，是伴随知识的增长和生活经验的积累而逐步确立起来的。个人价值观一旦确立，很难改变。孩子在幼年时期炫富的行为，是没有形成一种正确的金钱观的表现，是价值观的一种。鉴于幼年时期价值观还未定型，父母要及时发现原因，纠正孩子的行为。

孩子炫富，主要是以下几个原因：

首先是孩子的因素。学龄期的孩子，其身心都处于快速发展的阶段，由于孩子的认知功能尚不完善，其学习往往以模仿为主。此时，学校或者家庭中的各种人物都有可能成为孩子模仿的对象。如果孩子的周围存在喜欢炫富的人，那么孩子就会潜移默化地被其影响。

其次是教育的因素，即家庭和学校对孩子价值观的导向作用。孩子的好恶，本身虽有一定的自发性特点，但在社会化环境中，教育因素起到了重要的导向作用。当个人发展与社会价值取向发生冲突时，个人价值观则会让位于社会价值观。孩子的炫富行为正是教育环境中不良价值观导向的结果，故而家庭成员和学校老师有责任修正孩子不良的认知，树立健康、和谐的价值观。

再次是社会的因素，即社会经济文化潮流对孩子的影响。当今时代，"拼爹"好像成为一种社会风尚，奢侈品的广告比比皆是，消费文化逐渐被更多的人接受。学龄儿童作为初入社会的成员，他们对所接收到的各种新鲜文化印象尤为深刻。"炫富"就是社会文化影响在孩子身上的结果。

基于以上几个方面，对孩子的"炫富"行为，可以采取以下措施：第一，因势利导，利用孩子身心快速发展的动力，使其尽量多地接受生活中正面榜样的影响。第二，充分发挥环境教育的导向作用，家长与教师合作，帮助孩子树立正确的价值观，同时修正价值观的偏离。第三，发扬传统文化中的积极成分，如千百年来形成的勤劳、俭朴的美德，用有长久生命力的传统文化消除风行一时的炫富文化对孩子的影响。帮助孩子建立正确的价值观，让孩子在生理、心理、社会三方面全面发展，成为一个健康的人。

6.喜欢说脏话——可能在模仿周围的人

周末，4岁的超超和好朋友月月在客厅里做捉迷藏的游戏，两个孩子玩得不亦乐乎，他们在客厅说说闹闹，把客厅弄得乱七八糟。超超妈妈任由两个孩子胡闹，两个孩子好久没有见面了，反正也是周六，索性让他们在客厅玩个痛快，而自己在厨房为两个孩子准备一顿丰盛的午餐。

两个孩子在玩捉迷藏，超超看到客厅里没有藏匿的地方，于是想躲在厨房里。但是，妈妈正在准备午餐，走来走去，厨房没有他可以待的地方。妈妈随即告诉超超："你去客厅藏吧，妈妈还要做饭呢！"没想到超超却反驳道："没长眼呀！你没看到客厅里没有藏身的地方呀！"妈妈听了超超的话，顿时蒙了："儿子，你说什么呀，你再说一遍！"

超超一字一句地说："妈妈，你没长眼呀！"妈妈又生气又伤心，心里正在揣摩，孩子哪里来的脏话。当妈妈刚想把超超叫到身边教训他几句的时候，没想到两个孩子又因为一个玩具争吵了起来。"你不能玩我的玩具！"超超大声地告诉月月。"就给我玩一会儿！"月月也扯着玩具不放手。"我靠！这是我的玩具！"超超又爆出粗口。"可是，我就玩一会儿就给你了！"月月仍然礼貌地告诉超超。结果，超超还是不愿意让月月玩，最后两个人不欢而散。

听了孩子的对话，妈妈顿时觉得不知所措，才4岁的超超竟然满口脏话。妈妈觉得一定要在孩子还没养成说脏话的习惯时帮他改掉，否则长大后再改就难上加难了。

儿童心理学研究表明，脏话是幼儿阶段的负面语言。除此之外，还包括

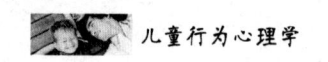

顶嘴、狡辩、耍嘴皮子。这些行为都会在一定程度上影响孩子的交际，对孩子的社会性发展极为不利。然而，当父母发现孩子说脏话等此类行为时，父母不要因此而惩罚、打骂孩子。

2~4岁这个阶段是孩子口头语言发展的敏感期。此时孩子模仿能力很强，很可能因为偶然听到他人说脏话而感觉很有趣，所以才加以模仿。4岁之后的孩子已经能够分辨出贬义词和褒义词，并且会用一些难听的句子回应对方。当孩子讨厌对方或者不满对方的行为时，就会有意识地使用脏话。

当然，孩子说脏话是由多种因素导致的，具体如下：

（1）模仿心理。

正处于模仿时期的孩子，无论好的还是坏的，都会不加选择地吸收。如果孩子发现周围的人在说脏话，就会好奇并加以模仿。有的时候，孩子还会觉得这是自己掌握的一项新的言语技能，得意地说给妈妈听。由此可见，孩子说脏话并不是为了攻击他人。

（2）吸引父母的注意力。

孩子第一次说脏话可能是为了吸引父母的注意力，如果父母没有对此加以制止，或者默许了孩子说脏话的行为，孩子很有可能会继续说脏话。如果父母表现出激动的情绪，孩子就认为自己这样做可以吸引父母的注意力。

（3）发泄情绪。

如果孩子的需求得不到满足，或者感觉自己无人关怀、疼爱的时候，孩子就会感到极大的委屈和挫折，就会用说脏话来发泄自己的情绪，表达对父母的不满。

如果父母发现孩子说脏话，不要太过着急，更不要以粗暴的方式强行禁止。父母首先要稳定自己的情绪，对他的脏话冷处理，并告知他待人要谦虚有礼，帮助孩子尽快扫除心理上的污垢。

第一，冷处理。如果发现孩子开始说脏话，父母可以假装听不见。有的时候置之不理比批评训斥要有效得多。因为孩子还不能理解脏话的意思，如果父母一味地打骂，只会加深他对脏话的兴趣。如果父母采用冷处理的方式，时间长了，孩子自然而然就忘记脏话这一茬了。

第二，模仿疗法。父母可以让孩子观察、模仿他人的良好行为，以矫正不良行为对孩子的影响。比如，观看中华文明礼节节目等。

第三，疏导情绪。孩子情绪不满时，父母要在情绪稳定的情况下与孩子沟通交流，鼓励孩子通过其他方式来发泄自己的情绪，比如画画、写日记等。如果孩子能够有意识地纠正并改善自己的行为，父母要及时地予以鼓励。

孩子说脏话，很有可能在模仿周围的人。父母要从小培养孩子良好的行为规范，做出良好的榜样示范，让孩子在潜移默化中塑造良好的性格与品行。

7.给他人取绰号——不懂得尊重他人

子睿告诉妈妈，最近他们班有些同学特别喜欢给其他同学取绰号。原来，他们班有个同学特别胖，每次上体育课做运动训练的时候他总是最后一名，大家索性都叫他"胖墩"；有个同学特别能吃，饭量是其他小朋友的两倍，每次他都是他们班最后一名走出食堂的，大家每次都嘲笑他，叫他"饭桶"；有的同学特别爱哭，哭起来没完没了，大家就叫他"爱哭鬼"；有的同学长得矮，大家就叫他"矮冬瓜"；等等。

妈妈听完子睿的话之后，甚是惊讶，就问子睿："那们给他人取绰号很不礼貌，你们没有考虑到他人的感受吗？"子睿告诉妈妈："我觉得这没什么，刚开始叫他们绰号的时候，他们很不高兴，可是后来他们自己都觉得无所谓了，都觉得叫名字还不如叫绰号呢？"紧接着，子睿还告诉妈妈："因为我是班里最爱回答老师问题的，大家都叫我'抢答鬼'，我觉得还不错呢！"妈妈顿时不知道该讲什么。

所谓绰号是根据人的特征、特点或体型等方面给他人起的非正式的名字，大都包含亲昵、开玩笑、憎恶或嘲弄的意味。一个恶意的绰号能伤害他人的心灵，让其更加自卑，给他人留下心灵创伤；一个恶意的绰号能摧毁两人之间原本纯洁美好的友谊。所以，父母要教会孩子以礼待人，用礼貌搭起一座通向心灵的桥梁，从而与他人更好地相处，要告知孩子，尊重他人，不起恶意绰号。

父母可以让孩子切身体会恶意绰号的感受，告诉孩子不要小看了给他人取绰号这件事情。恶意绰号不仅仅会伤害同学的自尊心，甚至会让许多同学郁郁寡欢，不愿意去融入班级这个集体。有些孩子因为被起了绰号，不愿意去上学，久而久之缺乏自信，厌学。有的时候，一个小小的举动都会影响一个人的一生，所以要尊重他人，不给他人起绰号。

父母要告知孩子，金无足赤人无完人，每个人都有自己的优势与不足。与他人交往相处的时候，我们要多学习他人的长处，不要总是看到他人的不足，拿别人的不足去伤害他人。你周围的人如何影响你，你也会如何影响周围的人。

父母要告诉孩子，做事情要有自己的主见和想法，不要盲目跟着别人学。当周围的人给他人取恶意绰号时，不要盲目跟风。适当的时候，可以鼓励孩子勇敢站出来，制止他人的不礼貌行为。有的时候，你的善举，会帮助周围的人走出心理的阴影，也能够纠正他人的不良之风，引导好的风气。

父母要告诉孩子，你不能拿他人的人格开玩笑。举个例子，刘某身体有残疾，左腿不能正常行走，而张某就拿他的生理缺陷开玩笑，给他取绰号：左拐子。张某的行为从法律层面来讲侵犯了刘某的人格尊严权。给他人取绰号，拿他人的人格开玩笑是种违法行为。父母要教育孩子做一个守法、尊重他人的好孩子。

关于同学之间取绰号的问题，父母要告知孩子绰号并非全部具有侮辱性，但是如果故意给他人起不雅的绰号，不分场合随意喊他人的绰号，其实质都是在取笑他人，是不尊重他人的表现，侵犯了别人的人格尊严。起绰号不仅仅反映了一个人的生活情趣，也反映了一个人的文化修养、心理素质和伦理道德等问题。所以，孩子在给他人起绰号的时候，要慎之又慎。

此外，父母要和孩子、学校及时沟通，如果发现孩子有给他人起恶意绰号的现象，就要及时地制止，引导孩子尊重他人。一个人只有不做有损他人人格的事情，才能真正学会维护自己的人格尊严。

父母要告诉孩子，尊重他人，不要拿别人的缺点来开玩笑，要学会多学习他人的优势和长处。你在尊重他人的同时，也是在尊重自己。一个人只有学会尊重他人，才能更好地与他人相处，结交友谊。

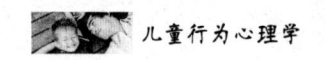

8.不愿意分享——是自私的一种表现

轩轩今年4岁了，在妈妈看来，他聪明伶俐，乖巧懂事，但唯一让人头疼的一件事情是：不喜欢和他人分享东西。有一天，妈妈带着轩轩逛超市，回来的时候买了他最喜欢的芒果，还买了一些上学必备的文具。回到小区的时候，正好碰上邻居带着女儿豆豆散步回来。

妈妈想给豆豆拿个芒果吃，刚准备伸手去拿的时候，被轩轩一把抢过来。妈妈和气地告诉轩轩："轩轩，快叫阿姨，给妹妹拿个芒果吃好不好？"没想到，轩轩嘟着小嘴，告诉妈妈："妈妈，不行，这是你给我买的芒果，要不然你把我们买的文具送给妹妹吃吧！"

"文具又不能吃，你这孩子怎么这样，怎么这么自私，连个芒果也不给妹妹吃！再说了妹妹比你小，做哥哥的要谦让妹妹呀！"妈妈觉得如果不管教孩子的话，会让邻居觉得轩轩很没家教，于是开始教育轩轩。最后，轩轩开始哭起来，但就是不肯送给妹妹芒果。

豆豆妈见状，连忙对轩轩妈妈说："豆豆对芒果过敏，不能吃芒果。"然后拉着豆豆回家了。轩轩妈妈觉得怪难为情的，边教育轩轩边带轩轩回家了。后来，轩轩也经常这样，依然不愿意与他人分享。爸爸妈妈觉得他太自私了，只要是他喜欢的东西，其他人连碰都不能碰一下，否则他就会号啕大哭。

我们经常听到有的父母这样抱怨："现在的孩子真是让人头疼，怎么这么自私呢？"然而，幼年时代表现的自私是一种正常的行为，大多孩子都不愿意与他人分享东西。但是像轩轩这种4岁后，仍然不想与他人分享东西的现象，说明孩子的自我意识很强。自我意识较强的孩子，在行为上就表现为"自私"，不愿意与他人分享。

孩子在2～4岁时，开始经过自我认知从萌芽到发展的时期。他们开始认识世界，并在头脑中对"我的""你的""他的"有了清晰的认知，所以并不知道分享的含义。

其实，幼儿阶段的自私大多是一种无意识的心理行为，但是如果从小就被父母或者他人打上"自私"的标签，孩子就会产生强烈的自我意识，认为自己是一个自私的人，从而变得真的自私自利。

如果孩子4岁多了，仍然不懂得分享，不与其他人分享食物或者玩具，父母就要引起重视，教孩子学会与他人分享。

第一，不要随意给孩子打上自私的标签。即使孩子不愿意与他人分享，也不要说孩子自私、小气。在日常生活中，父母要随时鼓励孩子与人分享。当孩子将自己喜欢的东西分享给他人的时候，父母要加以鼓励，表扬、夸奖孩子，并且告诉孩子这样做，你可以结交到更多小伙伴。

第二，转移孩子注意力。当孩子护着玩具，不愿意和其他人一起玩时，父母可以转移孩子的注意力。比如，用孩子最喜欢玩的游戏来吸引他。这样孩子的注意力就被转移到了玩游戏上。这时，父母可以告诉孩子："要想玩游戏，就要先与其他小朋友分享你的玩具。"一般情况下，孩子都会学会取舍。

第三，让孩子在游戏中体验分享的乐趣。父母要鼓励孩子走出家门，多结交一些小伙伴。父母要鼓励孩子多参加一些与小伙伴配合才能完成的游戏，比如拔河、跳绳、老鹰捉小鸡等。这些活动既可以锻炼孩子的身体，也能够让孩子在游戏中逐渐意识到团结合作的快乐。这样，孩子在循序渐进中就会逐渐意识到要想拥有更多的朋友，就必须大大方方地对待自己的朋友，从而感受到分享的快乐。

幼儿阶段孩子不愿意与他人分享是一种正常的行为，但是4岁之后孩子不懂得分享时，父母就要引起足够重视。必须指出的是，父母千万不要给孩子打上"自私"的标签，否则时间久了孩子自然而然地就会变成一个真正自私的人。每个人都是独立的个体，但也是相互联系的个体，为人父母要教会孩子学会分享，在分享中体验快乐和美好。

第八章

习惯行为：释放孩子内心的多种"信号"

"习惯是人生活中最大的引路人"，一旦形成，就不易更改。而孩子良好的习惯是由成人有意识地培养形成的。所以，父母应该充分认识到良好习惯是孩子教养的重要一环，从孩子的习惯行为读出他们内心的多彩世界。

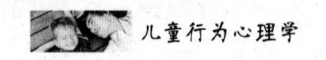

1.磨磨蹭蹭——孩子在进行无声的反抗

3岁半的童童有一个毛病令妈妈非常头疼,就是磨蹭。每天早上童童的家里都会上演这样的一幕:"童童,该起床了,再不起床就要迟到了,迟到的习惯可不好呀,会被老师批评的!"妈妈一边帮童童准备早餐,收拾衣服,一边叫童童起床,可是童童却不紧不慢的,一会儿坐起来一会儿躺下。

妈妈总是催促童童:"快点,快点!"童童说:"妈妈,我好困呀,就让我再睡一会儿,再睡一小会儿好吗?"妈妈说:"不行,马上就迟到了!迟到就不是好学生了!"

5分钟过去了,童童终于睁开眼睛,可是却只穿了上衣,坐在被窝里发呆。这时,妈妈又开始催了,童童这才不耐烦地开始穿裤子。10分钟过去了,妈妈以为童童早已经收拾好自己,可以吃早餐准备上学去了。但是,没想到,童童却坐在床上看昨天没看完的连环画。妈妈着急得不行,于是开始抱起童童穿鞋洗漱。但是,太过心急的妈妈不小心弄疼了童童,童童开始哇哇大哭,闹着告诉妈妈:"我讨厌上学,我不要去上学了,我讨厌妈妈!"

为了上学不迟到,早餐只能在路上吃,可是折腾了半天,结果还是迟到了十几分钟。妈妈不禁感慨:"起床上学每天就跟打仗似的,孩子可真是够磨蹭的。教育他他不听,要打他,但孩子一哭我就会心疼。该怎么办呢?"相信很多家庭都会出现类似的情况,也采取了五花八门的措施,但是仍然改变不了孩子磨蹭的习惯。

孩子做事情磨蹭,父母总是觉得孩子跟不上大人的节奏,看在眼里急在心里,却不知孩子做事磨蹭的真正原因。有些孩子性格内向,做事喜欢磨蹭,办事效率较低；有些孩子性格外向，做事干净利索，办事效率较高。但是，科学心理学研究发现，除了孩子性格的原因之外，磨蹭可能是孩子在进行一种无声反抗的表现。

如果孩子对所做的事情不感兴趣，就会选择用磨蹭来解决问题。对童童而言，刚进入幼儿园存在诸多的不适应。他其实讨厌的不是上学本身，而是陌生的环境以及幼儿园的不自由，不能随心所欲地做自己喜欢的事情。所以，每天上学童童才喜欢磨磨蹭蹭，表达自己不愿意去适应新环境的心情。

举个简单的例子来讲，如果今天妈妈带童童去游乐场玩，那么童童会立马起床，并且以最快的速度洗漱吃早餐；如果妈妈让童童看他喜欢的动画片，他也会集中全部的精力，没几天就看完一部动画片；但是如果妈妈说今天你要收拾好自己的玩具，童童就会磨磨蹭蹭，无论你怎么催促，他都会不紧不慢，但是一旦妈妈生气，童童就会稍微加快速度，但凡妈妈转移注意力，他都会放慢速度，表达自己的不满。

很多时候，当孩子磨蹭时，父母表现得特别着急，时常责骂孩子磨蹭，催促孩子加快速度，但并没有从根源上去了解孩子。从表面上看，可能因为父母的催促孩子的速度加快，但是孩子磨蹭的问题并没有得到真正的解决。因此，父母必须以平和的情绪来对待孩子的磨蹭问题，与小磨蹭说再见！

第一，了解孩子磨蹭的原因，对症下药。有些孩子可能天生性格内向，做事谨慎，节奏慢，父母要适当地教会孩子高效率地完成工作，培养孩子的时间观念。

如果孩子是因为没有兴趣，父母可以适当地选择一些孩子平时爱玩的游戏、爱听的故事、爱看的动画片来激发孩子的兴趣。比如，妈妈可以告诉童童，如果今天不迟到的话，周末就可以带他去游乐园或海洋公园玩耍。此外，妈妈还要教会童童去适应新的环境，等孩子适应后，习惯就会改变很多。

第二，适当地给予鼓励和褒奖。适当地鼓励能够激励孩子做得更好，父母在教育孩子的时候，要告诉孩子："如果你再快一点就更好了！你这次比上次快很多！"在得到正面的刺激和鼓励后，孩子就会做得更好。

第三，榜样示范。父母是孩子最好的老师，言行举止都会影响到孩子成长的每一步。如果父母办事拖拉，孩子也会模仿。因此，父母有了良好的行为示范，孩子才会有好的学习对象。

当孩子磨磨蹭蹭，父母要保持平和的情绪，窥探孩子磨蹭的真实原因，利用孩子的兴趣引导孩子，与小磨蹭说再见！

2.做事敷衍——缺乏责任心的一种表现

菲菲上小学三年级了，聪明伶俐，机灵可爱，但是无论做什么事情总是心不在焉，或者糊弄敷衍，或者草草了事。妈妈让她收拾玩具，不到两分钟她就跑过去告诉妈妈收拾好了，但等到妈妈去检查的时候，收纳箱里面乱七八糟。有的时候，对待学习亦是如此。

妈妈决定纠正孩子的毛病，让孩子建立责任感，为此，每天晚上都监督菲菲写作业。在妈妈的监督下，菲菲虽然改了以往边看电视边写作业的习惯，坐在书桌前写作业，但是，她一会儿站起来跑到阳台上看看窗外的风景，一会儿跑到客厅拿零食吃。结果本来一个小时就可以完成的作业花了近两个小时，她开心地告诉妈妈终于可以看动画片了。

妈妈拿起她的作业，语文作业字迹潦草，连标点符号都没有；英语字母写得歪歪扭扭，连"I"这个该大写的字母也写成小写；数学作业更是让妈妈无奈，特别简单的题目都算错。紧接着，妈妈问菲菲："这就是你完成的作业吗？"没想到，菲菲告诉妈妈："我不是已经替你完成作业了吗？"

听了菲菲的话，妈妈觉得孩子做事真是越来越也没有责任心了。学习本来是自己的事情，怎么成了别人的事情；让她收拾东西，她都觉得这不是她应该做的事情，做事马马虎虎，粗心大意，敷衍了事。

孩子做事情喜欢应付，敷衍了事，原因有诸多方面：

(1) 对所做事情不感兴趣。

很多孩子做事马虎，敷衍了事是态度问题。像菲菲这样做作业马虎，应付老师的现象俨然是对学习不感兴趣。由于缺乏兴趣，她不是心甘情愿地去学

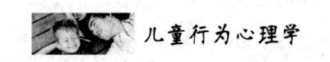

习，而是认为学习是被父母逼迫的，与自己无关。因此，菲菲认为只要作业完成了就可以了，作业的质量与自己无关。

（2）缺乏责任感。

很多孩子对于父母或老师布置的任务缺少应有的责任心，比如父母让她收拾玩具，她认为是为父母收拾，将其当成父母的事情，不会对其加以重视，只是随便收拾一下应付了事，至于整齐不整齐都与自己无关。她认为只要自己收拾完了，就可以去做其他的事情了。

（3）父母的宠溺。

一些孩子做事马马虎虎，父母没有给予及时的指导。比如，当孩子写作业左顾右盼、心不在焉的时候，父母也视若无睹；孩子没有完成作业，就纵容孩子看电视或者做其他的事情；父母大声谈话或电视，孩子做作业没有安静的环境。久而久之，一些孩子无法专心做事，就养成了应付的不良行为。

做事心浮气躁，马马虎虎，敷衍了事，是很多孩子都存在的普遍现象。孩童时代是培养孩子养成良好习惯的关键时期。因此当孩子敷衍了事的时候，父母一定要学会认真观察，找出孩子应付事情的原因，及时采取措施，从以下几个方面入手，帮助孩子养成良好的习惯。

第一，帮助孩子树立责任感。

如果孩子做事马马虎虎，父母首先要让孩子端正态度，要让他明白做事认真和坚持的重要性。比如，父母可以让孩子做一些负责的小事。如负责给大家分发碗筷，如果做得好，就及时地表扬他；如果做得不好，就让他下一次继续负责此事，直至完成得很好。这样，时间久了，就能激发他强烈的责任感。

第二，让孩子养成认真做事的习惯。

当孩子完成一件事情的时候，父母要及时地监督并告诉孩子做事不仅要做完，更要做好。比如，在做数学题的时候，不仅要把答案写在上面，还要确保答案是正确的。

第三，奖励与惩罚相辅相成。

孩子做事认真，父母要及时表扬，鼓励他再接再厉；孩子做事敷衍了事，父母要适当给予批评，让孩子明白敷衍了事的坏处。如果孩子做事马马虎虎，父母就应该让孩子明白马虎的代价。在日常生活中，父母要告知孩子，自己的玩具一定要自己放好，如果弄丢了就要自己负责，可以让孩子帮助打扫家里的卫生等，以此来寻找丢失的东西。

要及时纠正孩子的敷衍了事、马马虎虎的坏习惯，同时培养孩子的责任心，是一项艰巨而长期的任务，父母要有耐心，才能让孩子有高度的责任心。

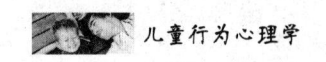

3.见到东西就想买——没有正确的消费观念

蓉蓉是班里的三好学生，成绩优秀，家庭条件也不错。父母对孩子的零花钱管理得非常宽松，无形之中让孩子养成了乱花钱的习惯。每次一逛超市，只要是自己喜欢的东西就往家里买。小小年纪，铅笔盒买的是商场里最贵的，全自动三层；橡皮擦也是最新上市的卡通造型。

很多时候，她的旧文具还没有用完，只要新的造型一上市，她就立马换新，旧的不是被扔到垃圾箱，就是被遗忘在某个角落。除了父母给她购置的文具、衣服之外，还要跟父母要好多次零花钱。但当爸爸妈妈问她究竟花了多少钱，用途是什么的时候，她自己也说不清楚。有一次，父母对孩子的零花钱进行统计，除去必要的开支外，她一个月的零花钱竟达两千元。

像蓉蓉这类孩子对金钱没有具体的概念，手里有钱就花掉，看见东西就想买。在他们看来，钱花完了可以张口跟家长要，全然不知道所买的东西有用与否。当父母问他们钱究竟用到了什么地方，他们支支吾吾，说不出来。对孩子而言，将钱换成玩具和物品是一种奇妙的体验。

孩子见到东西就想买，是没有正确消费观念的一种表现。他们的消费观念在很大程度上是模仿父母。父母作为孩子的第一任教师，是教会孩子如何消费的人。所以，要培养孩子正确的消费观念，父母要树立正确、健康的消费观念，才能引导孩子理性消费。

父母要教会孩子把钱花在必需品上，不能随意浪费，要教会孩子克制自己冲动消费的欲望，学会判断哪些东西是自己的必需品，做一名理性的消费者。

父母要培养孩子良好的消费观念，杜绝孩子的浪费行为，培养孩子的节俭品质。一个养成了节俭习惯的孩子，就会明白金钱来之不易的道理，并养成健康的、合理的消费观念。所以，在日常生活中，父母要善于抓住机会，教会孩子消费的常识，帮助孩子有效分配自己的零用钱。

妙招一：帮孩子分清楚"需要"和"想要"。

孩子能否分清"需要"和"想要"是能否理性消费是前提，有无造成浪费的表现。如果孩子因为需要而购置东西属于理性消费的一种。父母要有意识地帮助孩子控制住想要买的冲动。因为并不是所有想要的东西，都有用。很多时候东西买到家之后，才发现自己压根不需要。

妙招二：帮助孩子克服购买冲动。

年幼的孩子，抵制诱惑的能力较差，所以当孩子逛商场的时候很容易被琳琅满目的商品所吸引，一看到东西就想买。有的时候，孩子喜欢和别人攀比，也容易冲动购买一些东西。孩子年龄小消费观念还没有定型，及时地纠正孩子的消费行为，这样孩子能够从小学会理智、合理地消费，更好地管理好自己的金钱，做理性消费的小主人。

妙招三：教孩子基本的购买技巧。

父母可以教孩子一些最基本的消费技巧，比如如何来利用优惠券，在买东西的时候货比三家。这些技巧可以教会孩子如何购买更实惠的东西，如何做到"花小钱办大事"。这样在教会孩子购物的同时，还可以节省开支。

妙招四：不要让虚荣心蒙蔽孩子的双眼。

在引导孩子消费的过程中，千万杜绝孩子的虚荣心。如果在消费中攀比，只会出现更多的浪费行为。父母要注意引导孩子正确的消费观，做到有效理财。

妙招五：在孩子提出无理购物要求时进行冷处理。

当孩子提出无理购物要求时，父母可以冷处理，先不答应，但也不能完全否定。在冷处理的这段时间，可以告诉孩子可买可不买的东西不要买，让孩子学会暂时放弃。同时，父母要让孩子明白家庭的实际承受能力，在必要情况

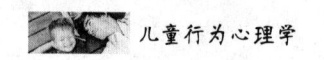

下让孩子了解家庭的财政收支情况，清楚自己家庭的经济状况，明白家庭的经济承受能力，让孩子懂得量力消费。

妙招六：试着给孩子定期发"工资"。

针对孩子的挥霍无度，父母可在固定时间内给他一定数量的零花钱，而平时不再随便给他。与此同时，父母可以帮他建立小账本，让他清楚钱花在了什么地方，让孩子学会管理自己的零花钱。

正确的消费观念，能够引导孩子合理消费，减少冲动消费和攀比消费的不良现象。良好的消费习惯，能够让孩子积累到更多的财富，为长大后孩子的理财奠定基础。

4.孩子是个手机控——父母的影子在起作用

如今，在网络媒体快速发展的时代，智能手机已经融入了每个家庭的生活。手机具有琳琅满目的娱乐功能，玩游戏、玩微信、追剧已然成为成年人的日常，休息之余也忍不住拿着手机消遣一番。孩子们见大人玩得不亦乐乎，渐渐地对手机也产生了浓厚的兴趣，每天拿着手机玩。然而，不知道从什么时候起，"别看手机了！别再拿手机玩游戏了！把手机放下！"已然成为家长每天对孩子重复最多的话。

多多妈妈抱怨才3岁的孩子就已经每天拿着手机放不下。原来多多平时爱哭闹，有的时候父母怎么哄也哄不了孩子。有一次，妈妈拿着手机给多多看，多多竟然不再哭了。从此之后，手机就成了哄孩子的神器。多多妈妈说，孩子看着家长玩手机就觉得很新奇，只要给孩子放手机里的儿歌或让孩子玩益智类的游戏，孩子就能停止哭闹。

思思的妈妈平时上班特别忙，下班回去喜欢玩一些游戏减压。这个时候，思思喜欢在一旁看妈妈玩，有的时候看懂了游戏规则，还会告诉妈妈下一步该怎么走。妈妈觉得小孩子玩一些益智类的游戏本就无可厚非，而且玩手机的时候不吵不闹，所以就给她下载了一些儿歌和益智游戏，让她自己玩。可是，没想到思思玩着玩着就上瘾了，天天吵着要手机玩。

妈妈以前下班回家的时候，思思都会给妈妈一个大大的拥抱。可是，现在妈妈一下班回家，她就着急地拿手机玩游戏；如果妈妈不让她玩，她就一脸不高兴，大哭大闹。自从思思迷恋上手机后，不愿意出门和小伙伴们玩耍了，也不愿意和家长交流幼儿园的生活了，手机成了她最好的朋友。

我们常说孩子是父母的影子，你做什么孩子也会学什么，这就是所谓的言传身教。如果父母经常在家里打电话、发短信，或者打游戏、看电影，多半孩子也会对手机产生兴趣，并希望从手机中获得满足。有的时候家长比较忙，没空搭理孩子，就把手机塞给孩子让孩子自己玩，这样家长可以安心地忙自己的事情。结果，这种行为不但会让孩子玩手机成瘾，还潜移默化地告知孩子只要父母忙碌的时候就可以玩手机。

现在父母忙没有时间陪伴自己的孩子。殊不知，陪伴并非时间上的问题，而是家长如何满足孩子的心灵需求。现如今一个家庭孩子少，很多时候缺少玩伴。当父母不能陪伴孩子、与孩子分享快乐与烦恼的时候，孩子很容易产生孤独感，为此他们便会寻求其他事物来获得心灵的满足感，于是手机就成为他们最好的陪伴者。

所以，低头一族的家长们，千万记得不要在孩子面前拼命地玩手机。如果可以的话，请放下手机，多看看书，和爱人谈谈心，和孩子聊聊天，或是一家人在阳光灿烂的日子出去散散步。这些都是极为健康的生活方式，不仅有利于孩子成长，也促进家庭幸福。

诚然，对于玩手机这件事情，成年人都无法自控，更何况一个孩子。所以，当孩子玩得不亦乐乎的时候家长夺走手机，对他们来说是件极为痛苦的事情。很多时候，你越督促孩子，他就越着急，越着急就越玩不好，越想多玩一秒钟。

因此，家长要适当地停止催促，用亲子约定的方式来帮助孩子控制时间，增强时间观念。比如家长可以这样问：你决定玩多长时间，10分钟还是15分钟？一般孩子都会选择15分钟，那么你可以补充一句："如果你能在计划的时间内结束游戏，我决定多给你加一分钟，你觉得如何？"最后不忘加一句"妈妈相信你能做到"。

当孩子能够在约定的时间内离开手机，那么家长就一定要兑现承诺，如果他没有做到，也不必责备孩子，直接说："时间到，手机放回去。"如果孩子请求说再玩一会儿，你也应该态度坚决，并明确告知孩子能够守约才可以获得加一分钟的特权。

　　总之，父母尽量不要当着孩子的面玩手机，不要因为手机忽略了孩子，如果当家长的整天手机不离手，无论吃饭还是睡觉都在玩手机，却要求孩子远离手机，效果可想而知。此外，父母还要做好引导者，将孩子的兴趣引导向积极向上的一面，给孩子看有利于他健康成长的内容，玩有助于他知识积累的游戏。

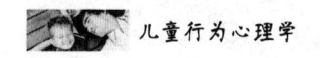

5.总是丢三落四——自我控制能力低

"妈妈,我的铅笔放在哪里了?""爸爸,你有没有看见我的玩具熊呀!"每天,家人都围着小雪团团转,原因就是小雪经常丢三落四。妈妈上周给小雪买的铅笔,不到一周的时间小雪就告诉妈妈没有了。有的时候小雪早上出去带上几支新铅笔,但是晚上回来就一支也不剩了。

爸爸妈妈也很是无奈,担心孩子长大后影响工作。妈妈告诉小雪,如果以后要是再丢文具,就只能拿自己的零花钱买。小雪听了妈妈的叮咛,觉得还是零花钱比较重要,就不敢再丢东西了。一周的时间,爸妈也没有听到小雪再抱怨自己的东西找不见了。可是,一周过后,小雪丢东西的毛病依然照旧,不是丢了铅笔,就是丢了橡皮,让父母很是头疼。

一般而言,孩子丢三落四属于正常现象,偶尔丢一些小东西也无可厚非,但是如果孩子经常如此,父母就要引起足够的重视,因为此时他已经养成了粗心的习惯。

心理学研究表明,丢三落四的孩子一般自我控制能力较差。6岁以下的孩子,自我控制能力较低,容易被外界事物所吸引,而不能专心致志地完成手头的事情或任务。孩子觉得其所接触的事物都是新鲜的,他喜欢去探索身边的一切,所以很容易让正做的事情出现错误,也容易忘记随身携带的物品。

自我控制能力差的孩子,做事情缺乏耐心和计划。他们经常表现出这样的一种状态:东西乱放,自己找不到;做一件事情不知道先后顺序,分不清缓急轻重。与此同时,他们的注意力难以集中,也会出现一些障碍,容易犯些极为简单的错误。

此外，自我控制能力差的孩子，随意性太强，缺乏毅力。如果一件事情需要花费很长时间才能完成，孩子就会觉得事情太过烦琐，难以坚持完成，甚至内心也会出现极为浮躁的情绪。当孩子觉得这件事情太难，超出他的能力范围之内的时候，他就会立即转移注意力。比如孩子不喜欢写作，如果父母让孩子写上周末的游记，他可能在考虑这周末爸爸妈妈带他去哪个游乐园玩。孩子注意力不集中，当然就无法做好手头的事情。

当然，在发现孩子丢三落四的时候，父母只要学会及时地引导，就能帮助孩子养成良好的行为习惯。

（1）培养孩子按计划做事的习惯。

父母要首先让孩子明白，做什么事情都是有计划和步骤的。每天你需要先做什么，再做什么，完成一件事情需要准备什么材料，需事先罗列一个清单。比如，每天几点起床，几点洗漱，几点吃早饭，几点整理书包，等等。最好让孩子制作一个简单的日程表，并严格执行。这样，既可以培养孩子的自控能力，又有利于改掉孩子的粗心毛病。

（2）让孩子集中精力做一件事情。

如果孩子经常无法集中注意力做一件事情，父母除了提醒孩子，也要采取一些行之有效的方法。如果孩子喜欢画画，但是总是没有耐心完成一幅完整的画作，父母可以通过和孩子比赛的方式，比比谁画得快、画得好，以此来激励孩子，并借此培养孩子的注意力。

（3）让孩子专心做一件事情。

当孩子在做一件事情时，父母不要以关心之名打扰孩子。当孩子正在画画时，父母不要一会儿怕孩子饿了送点零食，一会儿怕孩子渴了给孩子递杯饮料。这样，不仅会打扰孩子的思路，而且会导致孩子情绪烦躁，让孩子难以集中精力做事。

（4）父母要做好监督工作。

如果发现孩子粗心，父母一定要做好监督工作。比如，晚上睡觉前让孩子自己整理好自己的书包，孩子完成之后，父母可以帮他检查一下，如果发现存在问题，不要严厉地批评他，但是，要将孩子遗漏的东西放在显眼的位置，提醒孩子装到书包里，并再次检查一遍。这样，孩子自然而然就会知晓自己遗忘的东西，并且记住自己的疏忽，及时改正。

孩子丢三落四，父母千万不要严厉地呵责孩子。做父母的要保持耐心，耐心地培养孩子的自控力，在提升自控力的同时让孩子集中注意力，与丢三落四说再见，做自控力的主人。

6.习惯性顶嘴——独立期孩子的逆反行为

早晨,妈妈好不容易把4岁的孩子橙橙叫醒,可是在给她穿衣服的时候,却遇到了麻烦。妈妈本想给孩子穿昨天新买的裙子,可是橙橙却死活不愿意穿。"不要,我不想穿新衣服,我要穿昨天穿的那条裙子!"

"橙橙,昨天吃饭你洒了裙子一身脏东西,妈妈给你洗了,昨天晚上又下雨,裙子又潮又湿,还没干呢!今天我们穿新衣服,好吗?宝宝穿上一定很漂亮!""不要,不要!""你这孩子到底是怎么了?怎么不听话呢!""我要穿昨天那套,我不穿新衣服!"

眼看着上学就要迟到了,妈妈抱起橙橙给她穿新衣服,没想到橙橙推开妈妈,大叫着对妈妈说:"不!我不穿!我就不穿!"紧接着,还把新裙子丢在了地上。妈妈见状,直接告诉橙橙:"你要是今天不穿新衣服,就不要去上学了!我也要准备上班去了,你一个人在家吧!"橙橙一听,一屁股坐在地上,开始大哭起来。

看着哭闹的橙橙,妈妈非常生气,但是也不得不静下心来和橙橙商量。妈妈平心静气地告诉她:"妈妈跟你生气不对,可是你也不能和妈妈顶嘴呀!这样吧,昨天的衣服确实洗了,你要是不想穿新买的裙子,自己去衣柜里挑一件喜欢的吧。"听了妈妈的话,小家伙喜笑颜开,翻箱倒柜之后终于挑了一条裙子。

很多父母经常会遇到这样的情况,无论你对孩子说什么,他总是喜欢说"不行""不要"。有时,你说一句,他说两句,直到最后孩子大哭大闹,父母也被气得火冒三丈。如果是这样的话,何不换个角度考虑孩子为什么会顶嘴

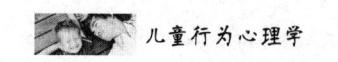

呢？只有你静下心来，才能真正地理解孩子。

从儿童心理学发展角度而言，孩子爱顶嘴是孩子独立自我意识的表现。从3岁便起，孩子便意识到自我的存在，不愿处处受到父母的管制。同时，孩子语言能力发展迅速，已经能够用语言来表达自己的想法，所以他们不再像以前一样服从父母的管教，故而通过顶嘴的形式来表达自己。

但是，当孩子开始有自我意识时，很多父母觉得孩子不听话，不乖巧，开始过度地干涉孩子的生活，要求孩子随时随地都要按照父母的意愿来做事。当孩子想自己做主时，父母却处处束缚他们，所以孩子自然而然地会产生逆反心理。所以像橙橙那样，她想自主选择衣服，父母却要求她穿新衣服，孩子当然会说："不！"

很多父母都喜欢听话、乖巧的孩子，如果发现孩子顶嘴，就会很生气，不管三七二十一就训斥孩子，并告知他："以后不许跟爸爸妈妈这样讲话，不许顶嘴！"当然，有些父母喜欢置之不理，这相当于纵容孩子顶嘴，时间久了，孩子就会养成顶嘴的习惯。为此，父母可以采取以下方法：

（1）尊重孩子的意愿。

孩子3岁以后，想自己做主的意愿非常强烈。所以，父母要放手让孩子自己去做，给孩子独立探索世界的机会。比如，让孩子自己整理衣服。如果孩子遇到困难，父母要给予及时的帮助，并指出不足之处，告诉孩子应该注意的地方，让孩子做自己感兴趣的事情。

（2）允许孩子自主表达自己的意见。

很多日常生活中的小事，父母要尽量让孩子表达自己的意见。比如，今天穿什么衣服，父母可以让孩子自己去挑选。对于孩子正确的客观的要求，父母要虚心接受；对于不合理的要求，父母要坚持原则，冷处理，而不是责备孩子。

（3）平等交流，改变交流方式。

孩子顶嘴时，父母不要固执地认为孩子是不乖巧，对孩子责骂不已。当孩子顶嘴时，父母可以换个立场思考问题，换一种方式与孩子沟通。当孩子顶嘴时，你可以告诉他："我理解你的心情，但是你可以和妈妈商量，不能顶嘴。"

总之，爱顶嘴的孩子是独立时期逆反的一种表现。父母在处理此类问题时，要了解孩子的成长与心理特征，尊重孩子的意愿，让其自主地表达自己的想法和观点，并改变自己的沟通方式。相信时间会改变一切，孩子会慢慢地变成一个乖巧的好宝宝。

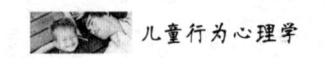

7.干什么事都拖拉——时间观念淡薄

媛媛今年9岁,平时做事总是拖拖拉拉,磨磨蹭蹭,让父母很是着急。媛媛平时吃饭慢,每次都是最后一个吃完;写作业磨磨蹭蹭,怎么催也写不快,写不完;父母让她帮忙做些力所能及的事情,她总是嘴里说"知道了",却迟迟不见行动……凡此种种,都让父母觉得孩子拖拖拉拉。如此低效率地做事情,让父母很是着急,怀疑自己的孩子是不是"有问题"。

儿童心理学研究专家认为,孩子干什么事情都拖拉主要有以下几方面原因:

一是孩子"手笨",即做事情动作不协调,不熟练。由于孩子正处于长身体的阶段,神经、肌肉活动不够协调,同时缺乏一定的生活技能,所以做事情比较缓慢。在这种情况下,家长需要有足够的耐心,多给孩子慢慢锻炼的时间,毕竟成长是一个过程,需要父母的呵护和包容。

二是父母管教不当,在平常生活中过于迁就孩子的懒散,而自己也没有树立高效率做事的榜样,导致孩子做事情拖拉。所以,父母一定要以身作则,对自己严格要求,在管教孩子懒散行为的同时,树立良好的行为规范,营造良好的家庭环境和氛围。

三是孩子的故意反抗。父母对孩子管控太严,容易让孩子产生逆反心理,表现出执拗、不听别人的意见的情况,其目的在于故意破坏父母的期望值,以得到心理的慰藉。从一定层面讲,拖拖拉拉其实是孩子对父母总是"催促"的不满与报复。如果父母总是催促孩子的话,就要学会反省自己是不是太过于强调效率而忽略了孩子的感受呢?

四是孩子的能力不足，自信心不足。每个人在智力、脑力发展程度上存在差异，有的孩子由于大脑发育较为缓慢，在学习上稍微落后于他人，于是在学习过程中没有动力，久而久之便形成了拖拉的退缩行为。但是，这种情况会伴随着孩子智力的发展得到改善。父母要多鼓励自卑的孩子，重树其信心，慢慢让他恢复做事的胆量。

五是遗传因素，例如家属成员中发生阅读、书写、拼音困难的频率较高，则可能是家属遗传的"拖拉"。

除上述因素之外，心理学研究表明，孩子办事拖拉的一个重要因素是时间观念差，做事情缺乏紧迫感，也就是我们通常所说的"慢性子"。一般而言，孩子的时间概念通常在5岁左右开始形成，大约在8岁以后趋于稳定。9岁的媛媛正是缺乏时间观念的表现。

对于孩子做事拖拉所表现出的时间观念淡薄现象，父母要学会积极地引导，帮助孩子树立正确的时间观念，高效率地做事和工作。

第一，帮孩子制定合理的作息表。

规划孩子每天必须做的事情，用时间表来规定，并给予一定的奖惩。比如，每天孩子在7点半之前要洗漱、吃完早餐，否则上学就会迟到；每天晚上9点之前必须写完作业，否则第二天早上就会起不来。如果孩子做到了，就要给予适当的鼓励或奖惩，比如周末兑现孩子去游乐园玩的话等。

第二，帮孩子树立时间观念。

学会不催促孩子，加强父母对孩子做事的耐心。父母千万不要对一个确实还没有时间观念的孩子强加效率的压力，但也不要放松对其进行时间观念的培养。如果过度地催促孩子，只会让其产生逆反心理，做事情的效率不会提高，反而降低。

第三，培养孩子良好的行为习惯。

我们可以利用时间奖惩机制来刺激孩子养成良好的习惯，先给他规定时间，要求他在规定时间内完成自己要做的事。在此期间，可以采用比赛的方式，并且在比赛中故意输给孩子，增强孩子的自信心，也可以在孩子积极做某件事情并按时完成时给孩子一定的奖励。适时地表扬孩子，让他觉得按时完成事情是件光荣而且快乐的事情。

第四，父母首先要树立高效率的时间观念。

孩子往往善于模仿，容易受周围环境的感染，所以父母要以身作则，带领孩子做事情的时候要有时间观念，并将这种按时守时完成工作的观念传达给孩子。这是一个缓慢的过程，但会在耳濡目染中纠正孩子的行为。

拖拉是可以通过锻炼改变的，父母最主要的要记住：拖拉的孩子不一定是笨或不优秀，难管教。应该相信"只要功夫深，铁杵磨成针"，只要耐心培养，再迟钝拖拉的孩子也能书写自己的人生传奇。

第九章

交际行为：善于社交的孩子最有出息

良好的社交能力，不仅是孩子智力发展、健康成长的需要，更是他们未来生存和发展所必备的品质。社交能力强的孩子，遇到困难时能够有效地与父母、老师和朋友交流，获得帮助与安慰，更容易得到幸福和快乐。

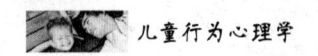

1.喜欢抢别人的东西——自我意识的出现

孩子的自我意识，一般萌芽于1~3岁，而以自我为中心是其最为突出的表现。在孩子们的潜意识中，只有"我"的概念，做事情常常不知道还有"你"和"他"的存在。他们只知道凡是自己看到的东西就是自己的，只要自己喜欢的就可以拿走。而他们的抢夺，其实并不带有任何的恶意，只是一种最正常不过的行为。

上周，许久未见的妈妈们组织了一次聚会，并且都带上了各自的孩子，他们想让孩子们之间联络一下感情。于是，2岁的东东就跟着妈妈去了。妈妈们看到孩子们玩得很开心，就到旁边的客厅唠家常去了。

但是，半个小时的时间还不到，就听到了孩子们的哭闹声，妈妈们赶紧跑过来询问原因。原来是东东看到一个玩具特别喜欢，就硬要从另一个小朋友手里抢过来，这打破了孩子们起初拥有的和谐。东东妈妈听完小朋友们的表述，二话没说就把东东抢来的玩具还给小朋友了。这下，东东不乐意了，开始大哭大闹，任谁劝也没有用。最后，只得由妈妈答应买新玩具给他，这才停止了哭闹。

东东平常和小区里的小朋友玩，也是这样的。就算他正好好地玩着自己的玩具，突然看到了自己喜欢的玩具，就会冲上去抢，他这样做常会把一些比自己瘦弱的小朋友给弄哭，而遇到比自己厉害的小朋友，他就冲着妈妈大哭大闹要新玩具。在东东看来，别人的玩具就是自己的。

同时，东东在拿了别人的玩具以后，也不会分享自己的玩具。他会把自己的玩具特别紧地攥在自己手里，根本不让别人靠近。东东这样的行为，让妈妈觉得他太小气、太自私了，都发愁不会教育自己的孩子了。

类似于东东这样的小孩有很多，相信也会有很多父母拥有和东东妈妈同样的困惑。这让很多父母都不禁觉得，是不是自己平时没有洞察到孩子的真实需求，没能够及时了解孩子的真实想法。这样发展下去，孩子会不会变成一个不懂得与他人分享、自私自利的人。其实，父母完全没有必要过分担心这种情况。孩子的"自私"只是一种自我意识的出现，这是一种极为正常的现象。所以，不要随意地就把孩子的"自私""小气"与道德相联系。

自我意识出现的孩子，只是单纯地意识到自己的存在，还没有意识到他人的存在。之后随着年龄的增长，他就会意识到除了"我"之外，还会有"你"和"他"，而事物的所有权并不都是属于"我"的。逐渐地，孩子喜欢抢别人东西的行为就会得以改善。

面对孩子抢小朋友玩具的时候，父母也不要一味地指责孩子，应该慢慢地引导他，让他自己意识到自己的问题。那么，父母应该怎么做才能引导孩子呢？

（1）让孩子有事物所有权的概念。

孩子的自我意识出现的时候，还是比较模糊的。所以，为了让孩子对外界事物有一个逐渐清晰的认识，父母应尽可能地给予孩子一些指引，帮助孩子树立所有权的观念。比如，当孩子在玩别的小朋友的玩具时，可以适当强调一下玩具是别人的，玩一会儿要学会归还，想继续玩的话就回家玩自己的。这些话都会在不经意间，使得孩子快速建立所有权的观念，进而让孩子能够拥有良好的行为个性。

（2）有意识地培养孩子良好的行为习惯。

当父母看到自己的孩子抢夺别人的玩具时，都会抱怨孩子怎么能抢小朋友的玩具，并顺势把抢来的玩具经过自己的手还给了小朋友。其实，父母这么做常常是于事无补，孩子根本没有意识到自己的行为是不对的。而最好的方式是，让孩子知道自己的行为是不可取的，然后告诉他应该尝试着去怎样做。比如，父母可以问自己的孩子是否愿意分享自己的玩具，并且还要问问对方小朋

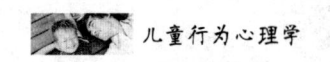

友是否愿意。这样，孩子再遇到类似的事情，就知道自己该如何去应对。

当孩子真的是按照父母的嘱咐来做的，父母就应当进一步地给予表扬，以此来肯定他的行为的正确性，让他意识到这样做就不会被父母批评。这样在无形中，孩子就养成了一种良好的行为习惯。

（3）让孩子懂得分享的乐趣。

小孩子不愿意和别的小朋友一起分享自己的玩具，是一种很正常的心理。作为父母，不应该强制要求孩子把玩具给小朋友，这会让他觉得周围所有人都想抢走他的东西，会不自觉地让他的占有欲增强。

父母应该引导孩子自愿地把玩具给其他小朋友玩，并让他感受到分享的乐趣，这样才会逐渐形成他的一种行为。所以，平时在家父母就要给孩子做好榜样，孩子会无意识地去模仿父母的行为，慢慢地就能体会到与人分享的乐趣了。

（4）父母不要在孩子被抢时"假装大方"。

父母不要轻易地从孩子手中抢玩具给别的小孩，无论玩具是孩子自己的，还是他从别人手中抢来的。一旦父母插手，次数多了，就会让孩子变得懦弱，不敢反抗，不敢拒绝。

所以，不管孩子是"抢夺者"，还是"被抢夺者"，都要适时地同时教育两个孩子，要学会有礼貌的询问，而不是生抢。这样做不仅让孩子明白了抢玩具是一种错误的行为，而且也间接地保护了自己的孩子。

2.经常和同伴打架——自我意识在发展

嘟嘟和豆豆一起玩玩具，本来两个人玩得特别开心。但是后来，两个人却打起来。原来是因为嘟嘟搭起来的小房子，占了豆豆玩耍的地方，谁也不肯让步。于是，豆豆就用自己的玩具车，把嘟嘟辛苦搭建好的小房子给撞得稀巴烂。嘟嘟一下子就火了，怒吼着责怪豆豆撞坏了自己的小房子。而豆豆也非常生气，抱怨嘟嘟占了自己的地方。两个人各执一词，一言不合就打了起来。

像嘟嘟和豆豆一样，一言不合就大打出手的孩子数不胜数，这也恰恰是父母最为烦恼的事情。在父母的潜意识中，觉得打架就是不正确的行为。因此，只要孩子打架，不管出于何种原因，就会颇为严厉地先把自己的孩子批评一番，更为严重的还会动手打孩子。其实，父母这种不分青红皂白，不问事情缘由的做法也是非常不可取的。

4岁左右的孩子的其自我意识正在慢慢发展，他们为了维护自己的"利益"，常常会攻击别人，这也是他们常和其他同伴打架的原因。所以，父母不用刻意去关注孩子怎么又和同伴打架了，是不是自己孩子的性格出现了问题。只要父母能够积极地引导孩子，让他们正确地处理自己与小伙伴之间的摩擦，也就没有打架一说了。所以，父母在看到孩子和别的小朋友发生冲突时，应当从以下几个方面来正确地引导孩子。

（1）培养孩子自己处理矛盾的能力。

有一次，两个小孩因为争夺某一件玩具而大打出手。二人势均力敌，谁也没有占了上风，就各自跑回家去向自己的父母告状。父亲们都觉得自己家的孩子在外受了委屈，就跟着孩子出来找对方评理。爸爸们见面时气势汹汹，开

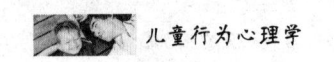

始还很有礼貌的讲理，随后一言不合就开始大吵，最后干脆直接以武力来解决问题。打了一会儿，想起了身边的孩子，扭头一看，发现两个人正玩得不亦乐乎呢，就跟什么事儿也没发生过一样。再回头看看两个大人，也不知道为什么就弄得如此狼狈了。

其实，人和人相处难免会有矛盾，孩子更是不例外。孩子之间发生的矛盾和冲突，很容易就能被化解，没有大到需要依靠父母来解决。所以，孩子打架是再正常不过的事情了，他们之所以会打架，常常是因为别人损害了自己的利益。但是，不管是出于何种原因打架，不管是谁先动的手，孩子之间的矛盾家长都不能过度地参与和干涉。

父母不能因为害怕孩子受委屈，爱子心切，就为孩子贸然出头，想要以自己的方式来为孩子解决所有的问题。这样，不仅锻炼不了孩子处理矛盾的能力，而且还会让孩子养成过度依赖父母的心理，丧失了自我保护的能力。长期下去，孩子不仅会变得懦弱，还不知道该如何与他人相处，变得不善于交际，体会不到与人相处的乐趣。所以，父母要告诉孩子应该怎么做，而不是亲自动手去为他们解决问题，这样才是最有效果的。

（2）让孩子学会自己处理问题的方法。

父母在孩子抢夺玩具发生冲突时，可能会用最直接的方式来制止争吵，但过后还是会有别的事情，引发孩子的再次争执。因此，最好的解决问题的办法就是让孩子自己明白问题的根源，然后通过自己的力量来解决问题，这样才会从中获益。

父母可以把争吵的孩子聚集起来，让他们来说明吵架的原因，然后间接地引导孩子来想出解决问题的方法。这样不仅能让他们学会彼此沟通，还能够学会倾听对方的想法，并且能逐渐地理解彼此。以后再碰到这样的事情，就会避免争吵。而且，要让孩子知道不管是谁做错了，都不应该辱骂对方，要学会向对方说"对不起"。

（3）父母不应当埋怨孩子懦弱。

孩子在外面和小朋友发生了冲突，回家向父母寻求帮助时，父母不仅不能够随意干涉孩子之间的矛盾，更不能对自己的孩子口出恶言，数落孩子老实被人欺负，是胆小鬼，这样会给孩子造成一种自卑的心理。

因此，父母要做的就是认真听孩子描述事情的经过，并让孩子知道遇到这种情况该如何做。若是同伴的错，就要勇敢抗议，以理服人，而不是以武服人。如果实在沟通无果，可以寻求家长的帮助。而对于那些有着严重暴力倾向的孩子，要学会敬而远之，绕道而行。

当孩子知道该怎么做的时候，就会变得勇敢起来，学会以正确的方式来维护自己的正当权益，不但能够体会到与人相处的乐趣，还能受到大家的喜爱和欢迎。

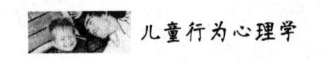

3.害羞、怕生——患有社交恐惧症

洛洛如今5岁了，但她的妈妈发现自己的孩子越来越害羞，怕见生人。而洛洛3岁左右的时候还是比较活泼的，能说会道的。可是，她却越大越腼腆害羞了。

在电梯里，让洛洛跟见到的叔叔阿姨打招呼，她就又躲又藏的，实在是不懂礼貌。周末父母带她去拜访亲朋好友，让她和别的小朋友轮流表演节目，小朋友都把自己最拿手的节目表演给长辈们看。等轮到洛洛的时候，她十分紧张，站在那儿半天也不动，本来洛洛挺多才多艺的，人一多就是表演不出来。洛洛平常和小朋友们玩的时候，从来不会表达自己的想法，总是人云亦云，别人怎么说她就怎么做。

类似洛洛这样的小孩有很多，他们之所以会害羞紧张，是因为他们对自己目前所处的环境不熟悉，这难免会造成他们不安的情绪。其实，家长大可不必过分担忧，这种现象在孩子安全感发展的过程中必然会出现。他们身处熟悉的环境和熟悉的人身边，就会很自由，无拘无束。然而，当他们在一个陌生的环境之中，就会畏首畏尾，不能自在地展现自我。

在儿童发展的早期，孩子害羞的性格是从父母身上遗传而来的。其实，具有害羞性格的孩子对其所处的新环境、遇到的新事物，都是非常感兴趣的。他们常常会留心观察别人的一言一行，可是因为他们内心的敏感与克制在作祟，所以他们参与生活实践的兴趣就被掩盖了。

害羞，除了是孩子与生俱来的，还有后天环境的影响。因为他们不够自信，总觉得自己在语言表达、与人交往和适应环境等能力上有所欠缺，不敢自信地表现自己，总是刻意地克制自己。最后就变得越来越害羞，不知道该如何把自己的所思所想给表达出来。

父母强制性地给孩子讲道理，大多数孩子是听不进去的。他们的思想还没有成熟起来，对于一些社会性的礼节问题还不是非常熟悉，所以，他们不会按照长辈的思维方式去思考和处理问题。如果强迫孩子去融入到自己不熟悉的环境当中去，孩子就会有不安的情绪，还会非常恐惧，害怕与人接触。即使是面对每天都会见面的人，他们也会因为害怕而想不起父母和老师教给他们的礼貌知识。

父母会很容易发现，害羞的孩子更加听话，而且做任何事情都更加谨小慎微，自我保护意识更强，父母从来不用担心孩子的安全问题。父母之所以会担忧孩子怕生的问题，是因为孩子在家里非常活泼，自然而然地就认为孩子在外也是如此。可是，孩子一到了人多的地方就拘谨起来，不能自然地放开自己。所以，父母很是担心孩子将来不能够融入社会，不会与人交往。

面对孩子的害羞胆小，父母在选择幼儿园时，就可以挑一个气氛比较活跃开放的班级，然后经常性地与老师和孩子同学的家长多沟通交流。害羞的孩子只要对他们所处的环境不排斥，并感觉良好的话，就会逐渐地放开自己。所以，让孩子处于一个活跃的氛围中很重要。而且，不断地和老师进行沟通与交流，可以帮助老师更多地了解孩子，这样老师就会有针对性地去帮助孩子去勇敢地克服害羞的心理。父母在熟悉了孩子的小伙伴后，也要经常与孩子进行交流，这样孩子对自己朋友的好感就会越来越多。

如果父母要带孩子去某些场合聚会，尽量让孩子提前做好心理准备，并且让孩子知道更多的细节，这样他就会做到心中有数，减少内心的恐惧感。比如，父母要带孩子去参加聚会，就可以提前跟孩子讲一些有关于叔叔阿姨的有趣的故事，让孩子间接地熟悉将要见到的人。这样，孩子就会对接下来即将要参加的聚会产生浓厚的兴趣，并且期待见面，而不是被动地被拉去见面。最终，孩子会因为提前熟悉而放开自己，不再拘谨。

孩子会害羞，也是因为他的自卑心在作祟。在他的脑海里，已经存在了一种固定的思维模式，那就是自我的否定。所以，父母要经常鼓励孩子，尽量帮助孩子建立自信心，这比一味地让孩子逢人就问好要有用得多。只要对孩子循循善诱，就会让孩子慢慢打开自己的心扉，逐渐变得开朗起来。

4.被小团体排斥——缺乏团队意识

多多的性格比较内向,是个不爱说话的小姑娘。她对于学校组织的集体活动从来不关心,更别说主动去参加了,她的原则就是能不参加就不参加。有很多爱玩的小朋友,都觉得多多性格孤僻,不愿意和她玩。比如,多多所在的班级在学校里参加比赛得了奖,所有的小朋友都会感到无比自豪,兴高采烈地庆祝,可唯独多多无动于衷,觉得事不关己高高挂起。而且,她平常上下学都是独来独往,从不和同学作伴,这样和同学联络感情的一个渠道就没有了。她平时比较宅,不爱出去玩,总是喜欢自己一个人窝在家里。

父母看到孩子这样孤僻不合群,怕孩子在学校和同学相处不来。事实上,这种性格的孩子常常会缺乏团队意识,不积极参加大家组织的活动,不能与大家打成一片,这样很容易被小朋友们排挤。每个小朋友都喜欢热情开朗的人,当大家满怀热情地叫你一起参与某项活动,而却被拒绝的时候,也就不会再有人来叫你了,大家有任何的活动都不会再想到你。

现在,很多家庭都只有一个孩子,家里的长辈们对其尤其的疼爱,只要是孩子的要求,哪怕是要摘天上的星星,只要能力所及,都会无条件地满足孩子。而且,孩子出生后,大多老一辈的人退休没事儿干,几乎把所有的时间都用在孩子身上。这样的话,孩子就不会主动去找同龄的小朋友去玩,而更愿意和自己熟悉的家人在一起。所以,孩子性格的孤僻遗传的因素只是一个方面,最主要的原因还是后天环境。

其实,孩子和同龄人与成人交往是两种相处模式。和成人交往时,成人会有意无意地让着孩子,成人满眼是对他们的关爱。而与同龄人相处时,大家都是一个独立的个体,在家里都备受关爱,根本不会有主动谦让对方的想法。所以,当彼此遇到一些问题时,就得商量着来,共同想出解决问题的方法。对于刚刚才离开父母、和陌生小朋友接触的孩子来说,他们的交往经验还是比较欠缺的。所以,他们为了逃避一些不必要的麻烦,更愿意和成年人玩,或者是自己单独玩,而不愿意找同伴玩。

孩子有的时候也是愿意和小伙伴一起玩的,反而是父母害怕他们会受到欺负,告诉孩子不要和他们玩,这样就在无形中影响了孩子的判断力,让孩子采取回避的方式使自己不受伤害,最后慢慢不会与人相处,缺乏团队集体意识。所以,父母不应该过多地干预孩子的选择,应该让他们尽可能地融入到属于自己的圈子里去。

处于新时代的我们,应该意识到:"一个孩子最大的缺陷不是没有上过大学,而是不懂得如何与人交往。"所以,对于父母而言,不是努力教导孩子上一所名牌大学,而是要让孩子学会如何变得开朗活泼,善于与人交往,拥有团队集体意识。父母可以从以下几个方面来引导和帮助孩子:

(1) 尽可能地让孩子多去接触别人。

父母有空的时候,就可以带孩子去参加一些集体活动,让他与同龄人更多地去接触,共同去完成他们比较感兴趣的事情。在参加活动的过程中,孩子就必须要与同伴进行沟通交流,这有利于他勇敢地表达自己的想法。同时,与同龄人接触的机会多了,他也就会慢慢知道如何与同伴相处,会逐渐放开自己,变得开朗起来。让孩子多参加一些集体活动,他会在活动中发现自我存在的价值,逐渐拥有集体荣誉感,并体验到集体活动的乐趣。

(2) 让孩子多表达自己的想法。

说话,是人与人最直接的交往方式。是否能够与人友好的相处,很大一部分原因来自于你是否能够正确地表达出自己的想法,让对方明白你的意图。所以,父母可以让孩子去找叔叔阿姨或者小朋友借东西、送东西等,这样,可以很好地锻炼孩子的表达能力。

虽然,我们总说"食不言,寝不语",但在吃饭和睡觉前,也是一个和孩子进行很好沟通的好时机。比如，吃饭时，可以向孩子询问想去哪里玩，让孩子尽可能地表达自己的意愿；睡觉前，可以让孩子讲讲在学校发生了哪些有趣的事。这样做，可以慢慢培养孩子的语言组织能力和表达能力。

(3) 让孩子多参加集体活动。

父母应该让孩子经常参加一些演讲比赛，锻炼孩子当众说话的能力，这样孩子就会忘记害羞，不怕表达自己的想法，不怕与人接触。而且，还要注重培养孩子的集体荣誉感，让孩子在参加集体活动时，要把自己当作里面的一分子，这样孩子就不会被小团体排挤，还会非常享受与大家在一起比赛和玩耍的时光。

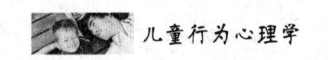

5.话太多——内心充满表现的欲望

宁宁是个4岁多的小姑娘,她性格活泼开朗,自己一个人可以安静地玩一整天,也不会轻易地跑到父母跟前儿哭闹。但是,只要在玩的时候听到父母在聊天,她就会迫不及待地跑过来坐到父母的中间,边听父母说话边插话,甚至还抢话来说,瞬间让自己变成了焦点人物。

她平常在家里还是比较听话的,爸妈说一不二。可是,一旦家里有客人来,宁宁就像变了个人。客人按门铃,父母让她去开门迎接客人。见了叔叔阿姨,她也不叫人,也不招呼着他们入座,而是跑去拿遥控,点播自己喜欢的歌曲听。父母让她把声音调低些,她却反而越调越大,然后扭过头来问大家:"这首歌很好听吧,我们老师经常让我们听,我都会唱了。"叔叔阿姨跟她聊了几句后,又继续和宁宁的爸妈接着聊了。

刚开始大人们聊天的时候,宁宁不是特别懂他们聊的话题,安静地听了一会儿后,有些似懂非懂。然后,她很快就想到了以前自己看过的动画片,赶紧参与到大人们的聊天里。宁宁特别大嗓门地吼道:"白雪公主辛德瑞拉有一条裙子特别漂亮,就是你们刚刚说的紫色的。"她这一吼,让大家摸不着头脑,瞬间让父母觉得很丢面子。可是,有客人在,又不好当着客人的面训她,怕她挨训后哭闹个不停,令场面更加尴尬起来。

宁宁是越有人和她聊天,她就越开心,就越想要在客人面前表现自己,一个节目接一个节目地表演给客人们看。当自己的表演受到客人的表扬的时候,她就更兴奋,更有表现欲。她还会把自己喜欢的东西拿出来向客人炫耀,比如自己喜爱的玩具、书籍以及漂亮的衣服等。如果她实在想不出要干什么,就会在家里的客厅跑来跑去，以引起大家的注意。

宁宁的父母觉得他们俩都不是爱表现的人，而且一向秉持着低调的原则。所以，他们特别想不明白宁宁这么爱表现像了谁。父母特别担心宁宁长大后，会不稳重，太过于肤浅。父母对这样的状况，都不知道该怎么办了。

其实，孩子爱表现、爱说话是再正常不过的事儿了。4岁左右的孩子正处于自我意识的发展时期，他们非常渴望自己能够被长辈认可和关注，以建立成长的自信心。同时，他们也会在无意中接收到社会给予他们的各种感官体验，学习着各种各样的社会经验。对于性格比较活泼外向的孩子而言，他们是非常喜欢与人交往的，而且特别渴望在别人面前表现自己。父母有时候并不能理解他们这种行为，觉得他们有些"人来疯"，尤其是家里有客人的时候，感觉更加难以控制自己的孩子。而且父母越想控制孩子的行为，孩子就会更加刻意地放纵自己。

父母常想让孩子以成人的方式，来表现自己对客人的欢迎和礼貌，可是，幼小的孩子并没来得及学习成人的待客之道，他们只能以自己的方式来欢迎客人的到来。比如，宁宁就觉得播放自己喜欢的歌曲，就足以能够表达自己对客人到来的热烈欢迎。她的这种行为并不是表现异常，只是她把自己认为最好的东西来与客人分享，让客人感受到她对他们的喜欢。

现在的家庭大多都是一个孩子，他们平时几乎都是自己一个人玩。当家里有人来的时候，他们就感到非常新奇，异常兴奋，迫切想要表现自己。他们想要把自己多才多艺的一面表现给别人，以表达自己的快乐，并同时收获他人的认可，以吸引更多的关注。

倘若当客人来拜访父母时，父母只一心想着招呼客人的话，就会让孩子倍感失落。他们会认为自己的地位不重要，没有人关注到自己，没有人肯陪自己一起玩，让他们感到自己毫无存在感。所以，他们常会插话、抢话，以此来吸引别人的注意力，强调自己的重要性。

孩子拥有强烈的表现欲望，父母应该适当地予以鼓励，这证明孩子愿意与人积极接触和交往。他们也可以通过在众人面前表现才艺时，锻炼自己的胆量，而且会一次比一次好。父母不应该用严厉的话语和眼神来威胁孩子，或者当着客人的面去教育孩子，这样不仅让客人难堪，而且会伤了孩子的自尊心，打击孩子表现的积极性。

　　父母可以在孩子表现异常兴奋的时候，让孩子去画画或者做手工来让客人看，这样动静结合可以让孩子适当转移注意力，安静一会儿。而且，父母还可以适当地给孩子讲述一下如何礼貌待人，和孩子进行心灵上的沟通，逐渐让孩子懂得如何做到言行举止得体，收放适度。培养孩子礼貌待人和与人交往的能力，并不是短期可成的。父母在平时对于孩子的一些得体行为，应当给予及时鼓励，让孩子发自内心地去享受"礼貌待人"的乐趣。

6.吹牛、说大话——好胜心理强烈

7岁的乐乐在父母的眼中，虽然不是个特别懂事的孩子，但是相比于其他的孩子来说，还是比较好管的。可是近来，乐乐的妈妈发现乐乐特别喜欢吹牛、说大话，还会瞎说。妈妈问她家里新的毛绒玩具是谁给她买的，她说是别人送给她的，因为她帮了别人的忙，可实际上是姑姑买给她的。

乐乐妈妈说："乐乐平时做错事，我是不会随意处罚她的。但是，最近总是发现她爱说瞎话、大话，这让人很是恼火。"有一次，爸爸问乐乐的考试成绩，乐乐信口就说自己是班里考得最好的。可是，等到爸爸去学校开家长会才知道乐乐虽然考得还可以，却不是班里的尖子，比她考得好的孩子特别多。

回到家里，爸爸把这个情况告诉了乐乐妈妈，并把乐乐叫到跟前儿询问她，可是她还是嘴硬，继续编她的瞎话。一开始，乐乐只是在吹牛、说大话，可是慢慢地她这种行为就演变成了夸大事实，说谎话。

有一次，乐乐爸爸让乐乐用小杯子喝水，而不要用奶瓶喝水。乐乐下一秒就告诉妈妈，说爸爸不让她喝水。父母觉得乐乐编瞎话的功夫越来越厉害，而且让人觉得她是故意的。父母非常担心乐乐做人不够诚实，总爱耍嘴皮子功夫，以后是会吃大亏的。但是，家里的长辈们对于孩子的这种行为却看法不一。有的人认为她说大话一定要严厉批评，不能放纵她的这种行为。但有的人则认为孩子的这种行为，只是因为她有着强烈的好胜心理，以后就会改善的。由于大家的意见不一致，又不知道孩子的这种行为究竟是出于何种原因，大家都感觉到无从下手。

孩子的自我意识在幼儿期间，一直处于发展的过程中，他们既保有可爱的天性，又有着强烈的自我意识。他们喜欢好吃的食物，漂亮的玩具，而且喜欢在他人面前表现得特别出众，什么东西都要最好。所以，为了实现自己这种强烈的愿望，他们常常考虑不到太多的因素。

随着孩子年龄的增长，他们的思维能力和判断能力也得到了一定的发展。但是，他们对于事物的认识还处于片面的阶段，不够全面和深刻。所以，为了达到自己的目的，他就会下意识地做出保护自己的动作，以此来满足自己的好胜心理。但是，不管他们思维多么灵活，始终还是不能够将事实完美地呈现，总会不自觉地夸大其词，在潜意识中改变事实。

其实，这些能够把现实和想象分离开来，并知道如何说就可以达到自己目的的孩子，是非常聪明的。他们明白如何表达出来，就可以满足他们内心的需求，所以他们会积极去争取，让别人以他们为主。为了满足他们的好胜心理，他们常会规避掉不利于自己的因素，所以在向别人表述时，会有吹牛、说大话的成分在里面。孩子以为自己很聪明，不会有人发觉，但是长辈们还是会轻而易举地就能察觉，并担心孩子的这种坏习惯。在家长的眼中，诚实待人是极为重要的。

有时，孩子们依靠自己的想象力吹牛、说大话，可能只是为了活跃气氛，让大家一笑而过，并进而引起所有人的关注，满足一下自己小小的虚荣心。可是，父母却非常当真，想要严肃地教育自己的孩子。

当父母遇到这种问题时，不能太过较真。首先，要保持镇定，不能一听到孩子在说大话，就轻易地给他们贴上标签，这样会在无形中增加孩子的压力。其实，他们的是非观念并没有那么强，有时或许只是他们无心的表述。当父母去责骂他们的时候，常会让他们觉得有点"莫名其妙"，这样会非常不利于他们的身心发展。

父母应当与孩子多沟通交流，明白孩子的诉求，这样就会有针对性地来引导孩子正确表达自己的想法，而不是通过吹牛、说大话，来满足自己的好胜心理。父母应该让孩子明白，诚实地与他人交流，更能赢得他人的好感与信任。这样，孩子才不会因为好胜心理作祟，而影响自己的健康成长。

7.到处碰壁——没有足够的适应能力

适应能力是新生儿与生俱来的,他们从出生的那一刻起,就通过自我调节及对环境的适应能力来积极回应母亲子宫外的生活。我们在生活中会发现,常会有一些人因为无法适应新环境而情绪低落,甚至会影响到自己的正常工作。可见,一个人能够拥有良好的适应能力是非常重要的。当一个人能快速适应自己所处的新环境,就能够很好地发挥自己的才能,提高办事效率。

在科技日益发达的今天,父母们也早已意识到适应能力的重要性。因此,他们会从生活中的一点一滴中,逐步培养孩子的适应能力。

琳琳的爸妈平常工作很忙,几乎无暇顾及琳琳。等到琳琳到了上幼儿园的年龄,父母经过再三思考,一致觉得把琳琳送到全托幼儿园是利多于弊。因为琳琳的父母觉得,把孩子送到全托幼儿园,可以培养孩子拥有很多良好的生活习惯,还能培养孩子的独立自理能力,最重要的是能够帮助孩子建立良好的性格品质。这些良好品质的建立和能力的养成,都有助于孩子培养解决问题的能力以及与人沟通交往的能力。

在琳琳上全托幼儿园期间,琳琳的父母并没有因为自己忙,而把孩子完全交托给学校和老师。他们会经常和老师沟通,积极关注孩子心理发展的需求,努力与老师共同帮助孩子建立一个健康的心理,培养孩子拥有一个积极向上的个性。等到琳琳上小学需要住校的时候,可以看出她的适应能力明显要强很多。这完全是因为她有全托幼儿园作为基础,在全托幼儿园所培养的独立自理能力以及学习能力等,是其他没有上过全托幼儿园的小朋友所不能比拟的。因为她的适应能力强,并不觉得在学校是度日如年,反而觉得在学校会非常地

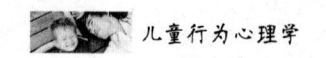

快乐，大家都称她为"阳光美少女"。琳琳自己觉得能被大家如此认可，受到大家的欢迎，是非常开心的一件事。

琳琳的父母有一次突然兴起，想要到女儿的寝室去看看。到了琳琳的宿舍后，父母发现琳琳把自己的东西收拾得井井有条，而且还帮助自己的小伙伴一起收拾床铺。琳琳有个与她同年出生的小表姐，和她在同一个班级。和琳琳相比，小表姐就不能够很快适应学校的生活。琳琳的小表姐会经常想家，而且课也不想上，只想着给家里打电话。琳琳的父母看到自己的女儿能这么快地适应学校生活，感到非常欣慰。

良好的适应能力，是孩子在未来的竞争环境中，所必须具备的一项基本素质。而且，伴随着孩子年龄的增长和阅历的增加，其适应能力也会慢慢提高。孩子适应能力的增强，会使其能够更加自如的适应环境，应对环境中的各种复杂的问题，让自己与环境能够和谐共处。

但是，现在每个家庭几乎都是一个孩子，长辈们对于孩子更多地是溺爱，这无疑会让孩子觉得不管遇到任何问题，都有家长帮自己解决，自己根本不用操心。这样的心理，让孩子的独立性越来越差，而依赖性却越来越强，最终导致孩子对环境的适应能力越来越弱。所以，我们经常会在幼儿园看到这样一种现象，有些孩子会非常主动地跟随老师进入所在班级，并很快融入到班集体中，而有些孩子会哭闹得非常厉害，不管怎么样都不让父母离开。

同一个年龄段的孩子，在面对新的环境，会有两种截然不同的反应，这是非常正常的现象。随着孩子慢慢长大，总会要接触到各种各样的新环境，他们会哭闹会排斥，是因为迫切地想要获得父母的关爱与呵护。但是，父母不可能保护他们一生。孩子只有一步步锻炼自己适应新环境的能力，让自己很快融入到新环境中去，才能够摆脱恐惧的心理。那么，父母们应该怎样培养孩子的适应能力呢？

父母可以让孩子自己主动邀请小朋友来家里玩，或者去别的小朋友家玩。还可以带孩子经常去各种不同的场所，这样可以让孩子多与不同的人接触，锻炼他们与人交往的能力。孩子在与人交往的过程中，会因为得到同伴的认可而越来越自信。父母还要积极培养孩子的心理适应能力，让孩子能够更好地融入到新的环境中去，对周边的环境做出积极的反应。这样，孩子就会有足够的适应能力去应对遇到的各种问题。

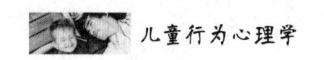

8.不敢和陌生人打招呼——缺少社交经验

安安的妈妈每次带着安安去拜访叔叔阿姨,她总是躲在妈妈的身后,不肯开口叫人。她的这种不开口叫人,总感觉是没有见过世面,这让安安的妈妈很是发愁。毕竟,每一个家长都希望自己的孩子能够落落大方,对他人有礼貌,能够大方地与他人打招呼。但好像并不是所有的孩子都能很快适应新环境,与他人侃侃而谈。

其实,家长会有这种担忧也是很正常的,导致孩子不敢跟陌生人打招呼主要有以下几方面的原因:

(1)孩子的气质各不相同。

我们在日常的生活中会发现,有一些孩子性格比较活泼,他们见人就会很热情地去打招呼,而有一些孩子性格比较内向拘谨,他们只要见到陌生人就会躲避,恨不得没有人看见他们,更别说主动去打招呼了。其实,这种行为常是由孩子天生的气质所决定的,而每个人的气质又是各有不同的。

(2)孩子缺乏与外界的接触。

孩子之所以不懂得如何与人打交道,是因为他们缺乏社交经验,不能够很好地去适应新环境。他们在见到陌生人以后,常会感到不知所措,因此就会表现出紧张地低下脑袋、一直揪着自己的衣角、用脚搓着地面等现象。所以,父母应该多抽出时间带孩子出去走走,主动与外面的世界多接触。

当孩子碰到同龄的小朋友,父母要引导孩子去主动与小伙伴打招呼。可能,孩子开始的时候有一些抵触情绪,不愿意主动迈出第一步。这时,父母可以主动抛出话题，来吸引双方孩子的注意力，给他们打开"话匣子"，让孩子能够主动开口。如果孩子是比较熟悉的，还可以鼓励孩子主动去邀请小伙伴来家里玩。或者，父母带孩子去超市购物的时候，可以让孩子独立去寻找需要购买的物品。当他们找不到时，就会向周围的服务人员进行询问，说出自己真实的需求，这样也可以很好地锻炼孩子与人交往的能力。

（3）父母太过于强势。

强势的父母会让孩子的胆子变得很小，让孩子没有安全感，这样就不会让孩子对陌生人有信任感，他们甚至会有恐惧感。有许多的孩子就是因为有一个做事雷厉风行的家长，他们对于孩子的教育也是非常严厉的，常常说一不二，因此孩子的胆子就非常小。

当孩子与父母外出碰到熟人时，他们不会主动去打招呼，而是像安安一样躲在父母的身后。不管父母怎么劝说，或者把孩子强硬地从身后拉出来，孩子仍旧不愿意去打招呼。有的父母会很严厉地责骂自己的孩子，说孩子没有礼貌，见人都不会张口打招呼。然而，父母不知道的是，他们越这样做，孩子就越胆小。

父母可以从以下几个方面来引导和帮助孩子：

（1）让孩子尽可能多地去接触别人。

父母永远都是孩子的第一任老师，所以，父母应合理安排好自己的时间，多带孩子出去与外界接触。当父母有空的时候，可以带孩子去参加一些集体活动，让他与同龄人更多地去接触，共同去完成他们比较感兴趣的事情，同时在这个过程中还可以享受美好的亲子时光。

在参加活动的过程中，孩子与同龄人接触的机会多了，他就会慢慢知道该如何与人相处，并逐渐放开自己，变得开朗起来。以后再见到陌生人时就不会拘谨了，会主动地去打招呼，表达自己的想法。

（2）对于孩子，父母不要一味责骂。

父母无论在工作中如何强势，都不应该把这种强势展现给孩子。强势的父母会让孩子没有安全感，让他们的胆子变得很小。因此，孩子对于陌生人存在的只有恐惧感，而不能适当地去放开自己接纳陌生人。所以，父母应该给予孩子正确的引导，让孩子慢慢学会与他人沟通与交流，逐渐培养孩子的社交经验。这样，孩子才会逐渐打开心扉，主动去与他人打招呼。

9.早恋——孩子产生了朦胧的两性意识

说起早恋，不少父母都异常的敏感。那么什么是早恋呢？早恋，顾名思义就是指：发生在生活、经济上不能完全独立，同时又比法定年龄小很多的青少年这一特定群体里的恋爱行为。

有一个女孩今年13岁了，她从上小学以来成绩一直特别好。现在即将要升初二了，可是最近她的学习却一直不在状态。妈妈悄悄地跟踪了她几天，发现原来她是早恋了。本来男孩说他们恋爱不会影响学习，而且还会一起进步。可是，后来自己的女儿却越陷越深。妈妈和女儿为此还发生了不小的争执，妈妈着实发愁不知道该怎么办。后来，妈妈请了家教老师来帮助女儿补功课。可是，女儿依然听不进去，成绩也不见起色。看着女儿这样，妈妈实在也是没辙了。

与此同时，还有另外一位妈妈也反映她的女儿有早恋的现象。她的女儿叫梦梦，长得又漂亮又可爱，上了初中以后，一直在学校住校。可是慢慢地，老师却联系家长，说梦梦不尊重老师，上课时和男生传纸条表白，很没有礼貌。后来同学们也反映，她与高年级的一个学生恋爱，前段时间还被发现两个人逃课去操场约会。因为早恋，一连串的问题就出现了。

其实早恋在青少年中，早已经成为一种非常普遍的现象。甚至孩子们会认为谁没有早恋，谁就不正常的谬论。早恋的产生有其深刻的生理学、心理学的根源。如果家长和老师能多了解一些相关生理学和心理学的知识的话，并根据孩子的具体情况，做出相应的引导，就可以避免让孩子出现逆反的心理，从而让孩子更加健康的成长。

那么如何才能让孩子清楚地意识到早恋的危害呢？首先，青少年处于身体，尤其是性器官发育的关键时期，由此产生的这种朦胧的性意识直接就是指向异性的。他们会对异性产生好奇之心，以至于渴望去了解、接近，从而产生爱慕，这是一个自然而然的过程，是青少年在成长过程中的正常表现。所以家长只能进行疏导和限制，而不能强行盲目地扼杀。否则，当家长不正确地处理孩子的问题时，可能会增加孩子的逆反心理，做出更加不好的行为。

父母要以尽可能平和的态度，而不是讽刺、责骂甚至惩罚的方式去对待他们。对早恋的男女要注意区别对待，个别指导，不宜进行公开教育。尽量站在孩子的角度去思考问题，和孩子进行交流。这时候孩子的人格还处于相对不完善的阶段，孩子面临着的压力也不比父母少，比如来自长辈的批评、生活的烦恼和学习的压力。父母要尽可能地给予孩子尊重，让孩子在家里能享受到温暖。然后以过来人的角度去和孩子交流，尽量引导孩子将注意力转移到其他活动上去。最主要的是引导他们，而不是去教导他们。尽量以经历、体验过类似困难的长者身份去帮助他们排忧解难，用真诚的态度去和孩子交流，培养他们追求理想、热爱生活的信心。

总之，孩子成长是一种不可抗拒的力量。青少年随着年龄的增长，自我意识开始加强，他们在处理事情的时候更多的是注重自身的主观感受。一旦出现让自己不舒服的情况，他们的心理就会产生极大的逆反心理。作为家长，要解决孩子的问题，就要首先尊重孩子的情感问题，不能一概否认。适当地选择时机，晓之以理，动之以情，因势利导，这样就可以润物无声，妥善地处理孩子的早恋问题了。

第十章

异常行为：拨开迷雾，认清孩子的心理密码

对成人而言，孩子的某些行为显得很"古怪"，其实，只要父母们采取正确的方式，去"理解"这些行为，关注孩子的心理发展，便能促进孩子健康成长，避免孩子受到不必要的伤害。

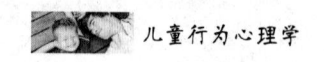

1.把别人的东西拿回家——只是喜欢不是偷

3岁的丽丽特别喜欢一些漂亮的小玩具，只要跟家里的长辈一起出去，就要买各种玩具，买来的玩具已经可以堆满整个床了。最近一段时间，妈妈总会从丽丽的背包里发现一些精巧的小玩具，可是这些玩具家里人从没有给她买过。妈妈想也或许是丽丽向别的小朋友借来玩一玩，但是还是放心不下，决定问问丽丽。丽丽告诉妈妈："这些都是幼儿园的，因为我太喜欢这些玩具了，就把这些玩具带回家了。"

原来是丽丽看到幼儿园一些比较特别的玩具很好玩，可是家里又没有，就悄悄地把玩具装到背包里带回了家。妈妈听完后，非常生气，并告诉丽丽这样做是错误的，下次不能这样做了。

丽丽妈妈原本以为自己对丽丽的教育起到了一定的作用，可是没过了几天，丽丽又悄悄地从幼儿园带回了玩具。可见，上次妈妈的苦口婆心并不管用，她并没有知错就改。对此，丽丽妈妈非常地担心，小小年纪就学会"偷"拿不属于自己的东西，长大了还不更加肆意妄为。

其实，丽丽的行为并没有妈妈想象中那么严重，真正的偷窃行为常常发生在6岁到青春发育时期，而3岁左右的孩子在未得到他人允许的情况下，就"偷"拿别人的东西不能算作偷窃行为。

对于3岁左右的孩子，有很多概念还是比较模糊的，比如"他的""你的""我的"。在他们的潜意识中认为，只要自己足够喜欢，那么这件东西就是自己的。3岁前孩子的这种行为是很正常的，他们的这种行为并不属于"偷窃"，只能说是孩子对喜欢的东西的一种占有欲在作祟。

第十章 异常行为：拨开迷雾，认清孩子的心理密码

虽然，在孩子的意识中会模糊的存在对与错的概念，但他们还是不能很好地控制自己，对于自己喜欢的东西会想方设法地得到。当孩子随着年龄的增长，以及对所受教育的深度理解，他们以"自我为中心"的意识就会逐渐淡薄，相对应的对事物的欲望也会逐渐减少，甚至是消失。

孩子会拿不属于自己的东西，不仅是因为对喜欢的东西的一种"占有欲"，还有可能是因为别的原因。比如，会为了吸引他人的注意力而去拿东西。在现在高速发展的社会，父母为了创造更好的物质条件，常常会忙于工作，而忽视了对自己孩子的关心。所以，有一些孩子常常会为了吸引父母的注意，而去拿不属于自己的东西，以此来获得自己感情上的需要。他们还会因为想要发泄自己心中的不满，而去拿不属于自己的东西。比如当好几个孩子为了同一件玩具而发生争吵时，最终被批评的孩子和没有能够得到玩具的孩子，就会觉得自己特别委屈，受到了不公平的对待。所以，他们就想着把被争抢的玩具据为己有，以此来缓解自己愤怒的心情。

小的时候可能只是拿一些小东西，若不及进纠正，等长大之后，就有可能演变为大偷。所以，对于孩子偷拿别人东西的行为，父母不能够听之任之。父母可以对孩子的心理进行仔细地分析，然后从以下几个方面来做：

（1）不要把孩子当"犯人"一样去审问。

当父母无意中发现孩子的背包里出现了新玩具的时候，不要怒火冲天地去审问孩子。这样做，孩子不仅不会诚实地回答，反而会编各种谎言来应对家长的询问。所以，父母要很好地控制自己的情绪，保持平和的心态去和孩子进行沟通和交流，引导孩子主动说出事情的原委，以能够更好地解决问题。

（2）培养孩子一些待人接物的方式。

父母在平常的生活中要主动告诉孩子，无论这件东西你多么喜欢都不要随意去拿，一定要经过主人的允许才可以。而且，还要有意识地培养孩子的礼貌用语。比如，如果想要玩别人的小汽车，一定要学会说"可以把你的小汽车借我玩一会儿吗？"当听到对方肯定的回答之后，再去碰别人的玩具。

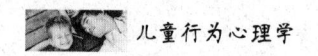

（3）动之以情，让孩子学会换位思考。

父母可以让孩子进行换位思考，当自己心爱的玩具不见时，自己是怎样的一种心情，以此来让孩子主动感受一下那种难过的心情，从而告诉孩子这种行为是不正确的，进而来纠正孩子的行为。

（4）不要对孩子过分严厉。

当父母发现孩子"偷拿"了别人的东西后，不要只是对孩子一味地苛责，更不要惩罚孩子。严厉的惩罚方式，只会让孩子变本加厉，而不能让他发自内心地认识到问题的根源。其实，在孩子的内心，并没有偷窃一说。所以，父母不要轻易地把这些标签贴到孩子身上，这样会严重地伤害到孩子的自尊心。

（5）教孩子学会归还别人的东西。

当孩子的背包里出现了一些"意外"的东西之后，要让孩子自愿地去归还这些东西。有时候，孩子可能一时不能明白是非对错，但事情的结果却会让他印象深刻，慢慢地他就能理解自己的行为的不正确。

（6）父母要更多地关爱孩子。

有些孩子会去拿别人的东西，常是想要引起父母的注意，而父母因为工作繁忙，会忽视自己孩子的成长。所以，父母应当更多地去关心自己的孩子，让孩子觉得自己是受重视的。这样，孩子就不会想着通过"偷拿"这种方式来引起父母的注意力了。

2.乱写乱画——孩子有了创造力和感知力

2岁多的果果,把妈妈装修不久的新家画得乱七八糟,这种习惯也不知道他是从什么时候养成的。果果妈妈平时会给他准备很多画纸在跟前,只要妈妈盯着他,他会认真地在纸上画画。可是,如果没有人注意到他,他就会到处乱画,比如床单上、衣服上和壁纸上等。只要他能碰到的地方,就都留下了痕迹。

果果妈妈看着家里到处都是孩子的"作品",觉得非常无奈。有一天,果果继续在那里乱画,妈妈很严肃地告诉他以后不可以这样随处乱画。虽然当时果果一口答应了,但是妈妈刚一转身,他就又照旧了,妈妈的严厉对果果根本不管用。面对儿子的这种行为,父母很是苦恼,不知道该如何是好。

相信有很多孩子都会像果果一样到处乱画,虽然父母们屡次制止,但孩子们总是左耳进右耳出。有时候,他们虽然知道不能乱画,但是手里握着的笔好像不由他自己掌控,他们常常还会觉得自己很委屈。孩子不仅喜欢在家里到处乱画,有时还会把自己也画个"花猫脸",让父母哭笑不得。

其实,每个孩子从出生就带有画画的天赋,他们常会被称为"自由的"小画家,他们对到处画画总是乐此不疲,情有独钟。但他们并不能画出规则的直线或是圆来。只是当他们的动作协调以后,通过自己的感官以及对周围环境最直观的感受,才最终创造出了自己的作品。

起初,孩子可能出于对画画的兴趣而听从父母的安排在纸上作画。等到他们对于在纸上乱画失去了兴趣,就会寻找新的画画地点。因为在不同的地方乱画，感觉是不一样的。当他选择在床单上画的时候，就会感到在布面画起来很有质感，而在墙壁上画的时候，会感到很光滑。这样，他就会觉得非常有趣，越来越有新鲜感。所以，只要是他们能够触碰到的地方，他们就非常愿意去尝试一下那种画画的感觉。

孩子乱写乱画并不是毫无用处的，在这个过程中，他们可以锻炼观察事物的能力，模仿别人创作的能力以及整合事物的能力等，进而提升他们的想象力和创造力。孩子自由自在地乱涂乱画，可以让他们从中感受到无穷的快乐。

当孩子逐渐与他人接触、遇到不快乐的事情时，可以通过画画来排解心中的郁闷，甚至是表达自己对周围的人与事的一种直观感受。所以，孩子的乱涂乱画虽然让父母感到很无奈，但是正是因为有了他们的最原始的创作，才有了人类更好的创造力和想象力。

孩子随着年龄的增长，会不太愿意与父母进行过多的沟通和交流。所以，有时候通过孩子的"作品"，父母也可以了解到孩子内心的真实想法，进而更好地去关心和爱护孩子。

父母在面对孩子的乱涂乱画的行为时，不应该只是一味地严厉遏制，而应该是积极地鼓励和引导。父母可以从以下几个方面来做：

（1）应当正确认识孩子乱写乱画的行为。

当孩子开始有了一定的行为能力的时候，就进入了写写画画的时期。而父母不能把他们的这种乱写乱画的行为，看成是一种破坏的行为。对于孩子的这种行为，不要轻易去遏制和责怪，反而应该尽可能地保护孩子的这种天性。

（2）专门留出一个空间来让孩子涂画。

父母在装修儿童房的时候，可以给孩子专门留出一大块儿墙壁挂上黑板，来让孩子涂画。这样，孩子不仅可以进行自由创作，父母还不用担心墙上的涂鸦清理不掉。

(3) 要学会倾听和欣赏孩子的"作品"。

孩子看似很随意的作品，其实也在无意中表达着自己的一种观点和看法。所以，父母要认真倾听孩子对于自己"作品"的阐述，进而更深地了解孩子的内心世界。在倾听孩子表达时，父母要保持微笑，并不厌其烦地听孩子讲述，有意识地培养孩子的想象力。

(4) 要给予孩子一定程度的表扬。

孩子偶尔画的一个歪七扭八的线或圆，可能会让父母觉得很好笑，但是孩子却对其非常满意。所以，父母不要轻易地对孩子的"作品"指手画脚，要学会和孩子一起欣赏他的"作品"，并适时地对孩子进行表扬。

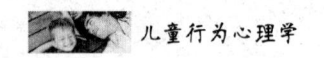

3.胡闹、人来疯——为了博取更多的关注

橙橙今年3岁了，平时非常听爸爸妈妈的话，特别守规矩。但是，家里只要一有人来，他就跟变了个人似的，特别闹腾，特别淘气。一看到家里有客人来，他就会把自己所有的玩具都拿出来，扔得到处都是。有时，他还会在客人面前来回跑，更为糟糕的是他还会拿着枪对着客人乱射。橙橙的这种行为，让父母觉得非常尴尬，有些手足无措。当着客人的面，父母又不好直接训斥他。但是，任由他胡来，他的一系列行为又让人太生气了。很多时候，父母不知道该怎么办。

孩子在家里有客人来时，非常的活跃，甚至是淘气，我们通常把他们的这种行为叫作"人来疯"。3~6岁左右的孩子常会有这种行为，他们常会在家里有客人时才胡闹，平时也是比较安静的。那么，是什么让孩子变成了"人来疯"呢？

（1）孩子的自我意识逐渐增强。

孩子随着年龄的增长，越来越渴望引起他人的关注，想要证明自己的存在感。所以，就想要通过"闹"的方式，来吸引他人的注意力。但是，因为他们的生活经验不足，所采取吸引他人的方式也有些不恰当。

（2）孩子的自控能力还非常弱。

幼儿时期的孩子，他们的自控能力才刚刚开始发展，还不成熟。所以，他们并不能很好地控制自己的行为。他们所有的行为都是随周围环境来变化的，一会儿好一会儿差。他们的行为常还会具有很大的冲动性，这让他们根本无法控制好自己。

(3) 不能够满足孩子的交往需要。

很多父母的工作都非常忙，常常无法顾及自己的孩子，会忽视孩子的一些内心的真实需求。只有爸妈有空，才能陪孩子玩一会儿，所以孩子交往的圈子非常狭窄。所以，等到家里有客人来的时候，他们就会异常地兴奋，感到终于有人跟他们一起玩了。可是，父母常会和客人兴奋地聊天，而忽视宝宝的存在。所以，就算宝宝知道自己的一些行为会引起父母的责罚，他们为了不让自己被冷落，还是会义无反顾地去做，以期望吸引他人的注意力。

(4) 父母对孩子过于严厉。

父母平时对于孩子的要求，都会竭尽全力去满足，所以，会让孩子养成了自私自利、任性胡来的性格。有客人来时，他们根本不会去听父母的话。相反，父母对孩子的严加管教也会约束孩子的个性。等到家里有客人来时，孩子就会觉得父母所有的注意力都在客人身上，根本无暇顾及他。所以，他就会尽情地去释放自己的天性，玩个尽兴。

(5) 家里的来客过度宽容和放纵孩子。

客人来家里见到孩子时，无论孩子有着怎样的行为，客人都会给予足够的鼓励，即使遇到孩子有些不好的行为，客人们也不会去批评，一直都是和颜悦色的。这就更加助长了孩子的气焰，让他们更加地肆无忌惮起来。

很多家长对于孩子的这种"人来疯"心理不了解，常会觉得孩子不听话，就会无缘无故地去责骂孩子。而受到批评的孩子，常会觉得自己委屈。那么如何解决孩子这一"人来疯"的问题呢？

(1) 对孩子进行适当的礼仪规范教育。

有时候孩子的"人来疯"，是因为他们对于如何待人接物还不够了解。所以，家长平常就要注意对他们这一方面的培养。比如，有客人来拜访时，要学会打招呼，然后去做自己的事情，给长辈们留下属于他们自己的空间。等到客人要离开时，孩子要学会礼貌送别客人。

对于孩子出色的表现，父母要及时给予鼓励和表扬。而对于孩子一些欠缺的行为，父母要及时地进行纠正。

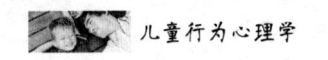

（2）父母可以适当进行一些暗示。

客人来访时，父母可以对于孩子的行为进行一些简单的介绍，并适当鼓励孩子。例如，父母可以说孩子非常的懂事，自己一个人都可以玩得非常好等。孩子听到父母这样说，就会非常高兴，还可以顺势说来访的长辈们最喜欢听话的孩子了。这样，孩子就会为了获得他人的喜欢，而努力做到更好。

（3）不要当众批评孩子。

如果孩子表现出"人来疯"的行为，父母不要轻易地去批评孩子，可以借此让孩子表演一个自己擅长的节目。这样不仅可以满足孩子的表现欲，还可以让孩子得到客人的表扬。孩子得到了大家的关注，就会增强自信心。

（4）有空多带孩子出去和人接触。

父母平时虽然工作非常忙，但也要注意让孩子和外界接触，比如带孩子和邻居小朋友一起玩。他们经常接触到不同的环境，也就不会对周边的事物感到如此的新鲜，可以适时地拓宽一下孩子的眼界。

（5）不要过度宠溺孩子。

对于孩子的一些不良行为，要及时进行纠正，而不是听之任之，不闻不问。时间一长，孩子的自控能力就会得到一定的增强了。

4.痴迷于用纸折各种物件——怀有探索之心

孩子在2～3岁的时候，正处于对周围的环境的一个探索时期，这个时候的他们有着一颗探索之心。当他们看到天空中有飞机在飞时，就会缠着父母要，这时父母就可以告诉孩子用纸可以折出一架很美的飞机来，而且它们也可以飞。孩子听到父母的话，就会潜心钻研，发现折纸的乐趣。孩子痴迷于用纸折各种物件，这样不仅可以开发孩子的大脑，让孩子变得更加聪明，而且在折纸的过程中，还可以很好地锻炼孩子的手部协调能力，进而培养他们的创新意识。但是，这个时期的孩子处在一个好动的阶段，他们喜欢模仿，所以，父母就着实要下一番功夫了。

对于小宝宝而言，让他们用拇指和食指将很小的物体捡起来，是一个巨大的挑战。可是，当孩子到了1岁半的时候来做这种动作，就轻而易举了。这个时候的孩子可以很轻松地将他们想要捡起的物体给捡起来，并且向着他们想要变换的方向来努力。

这个时期的孩子，最喜欢的游戏应该是把搭成木塔的积木推倒；将盒子或其他的容器进行持续不断地关闭或者是打开；转动门把手或者是不停地翻书；把圆钉插入小孔中；乱涂乱画；等等。这些活动对于孩子的手部灵活性有着很好的锻炼，而且还可以让孩子对空间概念有一个局部的认识，比如"上""下""方""圆"等。

当孩子快2岁的时候，他们的身体协调能力就会有一定的改善，可以进行一些比较复杂的游戏。比如他们可以凭着自己的想法随意折叠纸张；寻找与孔相匹配的钉子，然后将其放进去；增加堆积积木的数量；把自己手里的玩具进

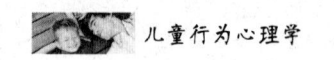

行拆装；捏泥巴；等等。

孩子在进行折纸的过程中，并不是想要得到任何结果，他们的折纸也没有什么目的，就只是单纯地享受这个折纸的过程而已。但是，因为他们的手指动作还不够灵活，经常是还没有折出任何物体，就已经把纸弄得皱皱巴巴的了。所以，他们很容易被其他事物吸引。但是，一旦他们沉迷于其中，任何东西都不能够转移他们的注意力了。

面对孩子不规则的折叠，父母可以根据孩子自身的特点，对孩子进行适当的引导。父母可以利用以下方法，来引导孩子。

（1）让孩子意识到纸是可以用来折叠的。

父母自己可以用一些色彩比较鲜艳、比较大的纸张来折叠成成品让孩子玩。同时，父母可以在孩子面前放一些纸张。这样，孩子在玩的时候，就会有样学样，学着父母的样子去折纸。父母可以通过孩子爱模仿别人的特点，先教给孩子一些简单的折叠方法，比如边对边的对折、角对角的对折等等。

（2）帮助孩子集中注意力。

2岁左右的孩子通常会注意力不够集中，他们也不能保持较长时间的注意力，大概只有十分钟左右。所以，父母不要长时间地让他们去折纸，以免打击了他们对于折纸的兴趣。当孩子在折纸了，如果完成了前几步折纸的动作，就有点疲乏了，父母可以帮助孩子完成剩余的动作。然后，将折好的玩具拿给孩子玩，这样就可以保持孩子喜爱折纸的初心。

（3）适时给予孩子鼓励。

2岁左右的孩子动手能力还比较弱，他们不能够很好地协调运作。所以，父母不能够轻易地给孩子贴标签，说孩子"太笨"，这样会严重打击孩子的自信心。父母应该尽可能地去表扬自己的孩子，多去肯定孩子，试着去手把手地教孩子。这样，孩子就会在一个愉快的折纸氛围中，探索自己想要的东西。

（4）用孩子听得懂的话进行引导。

父母在开始教孩子折纸时，可以把一些专业的话换成比较亲切的话，如把正方形的纸张的四角向中心对折的时候，可以告诉孩子是"中心妈妈"要亲吻"四个小宝宝"。这样，不仅可以教会孩子折纸，还可以促进父母与孩子之间的感情交流。

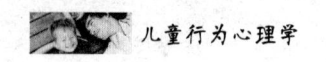

5.喜欢漂亮姐姐——进入性意识成长的关键期

很多小朋友都喜欢漂亮姐姐。今年只有4岁的鹏鹏，他被人们公认为是"蜡笔小新"，因为他和小新一样"色"，喜欢围在漂亮姐姐身边。每次妈妈的朋友或者邻居家的姐姐来到家里玩，鹏鹏总是叫嚷着让她们抱他，而且还喜欢在她们的胸口蹭，甚至有时候还会动手。

刚开始父母并没有在意，以为小孩子只是不懂事罢了。可后来，鹏鹏就越发的有些过分了，在公园里散步的时候，见到漂亮的女孩，就会过去"强吻"别人，偶尔还会偷偷掀起女孩的裙子。这让父母感到非常苦恼，孩子这么小的年纪，就做如此不好的事情，长大了还了得吗？

其实，孩子出现的这么一系列"好色"行为，都是孩子在用行动告诉我们：他的"性意识成长关键期"到了，而并不是孩子好色。孩子也是需要教导的，在很小的时候，孩子是没有分辨事物好坏的能力的，而且从心理学角度来讲，培养孩子的性别认同和性别角色认同的重要阶段，就是在0～3岁的时候。这一时期，决定着孩子以后有关"性"活动的发展基础和发展方向。

不难想象，这一时期的孩子，他们的好奇心和想获得心理满足感的渴望是非常强烈的。首先，由于孩子的好奇心的增强，他们对外界探索的能力和愿望也在增强。他们会发现异性与自己的不同，喜欢用探索别人的身体来满足相应的好奇心。

3岁的壮壮和很多同龄的小孩子一样，特别喜欢看动画片。每天晚上爸爸和妈妈都会带着壮壮一起看动画片。有一次正在看动画片的时候，爸爸不小心按错了台，屏幕上男女主人公正在热吻。妈妈急忙用手挡住孩子的眼睛，爸爸这时也赶紧换了台。壮壮很不情愿地问爸爸妈妈，为什么不让看呢？爸爸妈妈含糊其词地糊弄过去了。没想到孩子看动画片的时候一点也不专注了，老是提到刚才的画面。这时，爸爸妈妈才发现自己做错了。不应该用这样的方式来教育孩子，这可能会激起孩子对"性"更大的好奇，甚至引发偷窥等不好的行为。

意识到问题的严重性以后，妈妈才耐心地告诉壮壮，那是他们相爱的表现，就像妈妈亲吻你一样。儿子这才点了点头，不再纠缠了。以后遇到这样的情况，壮壮也不再多问了。

所以父母是孩子性启蒙最好的老师。父母应该正确对待孩子在成长过程中表现出来的各种敏感性行为。不要进行错误的教导，避免孩子幼小的心灵受到伤害。具体有以下几种方法可以对孩子进行启蒙教育：

（1）学会淡化孩子的"好色"行为。

如果父母在公共场合发现孩子出现"好色"行为的话，不要进行恐吓和打骂。这样做不仅不会让孩子改掉坏毛病，还可能强化孩子的"好色"行为。所以，要心平气和地给孩子讲道理，将孩子的注意力转移到别的地方，尽量用孩子能听懂的语言进行交流。

（2）当孩子看到"亲吻示爱"时要正确引导。

父母应该循循善诱，引导孩子到正确的方向上来。应该告诉孩子，亲吻是爱的表示，就像妈妈亲吻他一样，妈妈爱他，所以才会亲吻他，但妈妈不会去大街上随便找一个孩子去亲吻。亲吻是自然而然的美好的事情。

（3）教给孩子一些正确的交际方式。

比如，告诉孩子喜欢别人不一定非要通过亲吻的方式，有时候和对方拉拉手，或者一个简单的拥抱和微笑都是可以的。父母应该多教给孩子一些非常礼貌的交友方式。

当然，方法不止这些。父母要学会站在孩子的角度去思考问题。放平心态，用尽量通俗的语言将一些相关知识讲给孩子听，让孩子尽可能地去理解，什么样的事情该做，什么样的事情不该做。让孩子在一个健康的环境中成长，这样才是最好的状态。

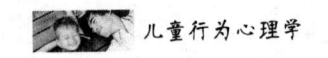

6.故意捣乱——为了吸引父母的注意

松松的妈妈想要让松松了解一些有趣的童话故事，可是不等妈妈开讲，松松就把故事书撕碎了。妈妈兴高采烈地买回玩具，原本以为他也会特别高兴，可是没想到他随手就把玩具扔到了地上，好好的玩具就这样坏了。妈妈本来想让松松看看搭好的积木模型，让他学习如何去搭，可是他不等搭好，一双小手就给推翻了。妈妈新买回来的闹钟，也不知道什么时候就被松松给拆散架了。还有好好的遥控器，不知怎么的就突然不灵了……

这样的事例数不胜数，面对松松的故意捣乱和破坏行为，妈妈虽然特别恼火，但也非常无奈，她不知道自己的孩子怎么就会如此不听话。

孩子之所以会如此"捣乱"，是有着他们自己的理由的。父母能做的，只有去理解他们的这种行为，并给予他们适当的引导，才能让他们健康快乐地长大。

(1) 孩子的生理发育还不够完善。

孩子的捣乱行为分为两种，一种是无意识的捣乱行为，一种是有意识的捣乱行为。2岁前的宝宝其捣乱行为通常是无意识的，并不是他们刻意而为之。这个年龄阶段的孩子，他们的自控能力是非常弱的，注意力也非常不集中，所以不能把责任都推到孩子身上。

(2) 2~3岁的宝宝具有的特点。

心理学专家普遍认为，2~3岁的宝宝与生俱来就有破坏和捣乱的行为本能，此时期也被认为是他们的第一个反抗时期。此后，随着他们不断长大以及所受教育的影响，他们的捣乱行为就会逐渐减少。

（3）孩子好奇心的驱使。

好奇心是每一个人都拥有的，幼儿更是不例外。他们对于自己不了解的事物，总是习惯性地去摸一摸、看一看。比如他们喜欢拆玩具和闹钟，只是为了看看它们是由什么做成的，里面有什么。这其实是他们想要学习和探索的一个过程。

孩子因为好奇心才会去搞破坏，去捣乱，所以，父母如果不想扼杀孩子的探索精神，就应当试着去包容他们的这种"捣乱"行为。其实，他们的这种捣乱的过程，也是一种学习的过程。孩子捣乱的过程，也是他们手和眼相互协调的一个过程。而且，捣乱的过程还可以锻炼他们的思维能力，令他们主动去寻找解决问题的方案。这样不仅培养了他们的动手能力，还可以培养他们的创造能力。

（4）为了吸引他人的关注。

如果父母的工作都比较繁忙，无暇顾及到孩子真实的感受，只要孩子安安静静的，父母几乎会对孩子不闻不问，而当孩子捣乱的时候，父母就会立马关注到他们。所以，孩子为了吸引父母的注意，就会想着用捣乱的方式。所以，父母在责骂孩子捣乱时，也要自问一下自己是否太忽视孩子了。

父母可以从以下几个方面来做：

（1）创造一个"有利"的环境。

孩子喜欢撕书，父母就主动给他们买一些撕不烂的书。倘若孩子喜欢撕纸，就让他们去撕纸，并给他们提供尽可能多的纸。

（2）经常买一些可以拆的玩具给孩子。

孩子对于一些正在玩的玩具，总是想把它们拆卸开来一探究竟。所以，为了满足他们的好奇心理，父母可以经常给他们买一些可拆卸的玩具，例如积木、可拼拆的飞机模型等。这样，他们不仅能从拆卸和组合玩具的过程中获得乐趣，还可以获得心理的满足。但在购买玩具的时候，一定要注意买一些质量好的，并且棱角尽量少的玩具。

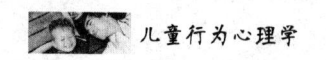

（3）父母要主动和宝宝一起玩耍。

当孩子试图去把玩具拆卸开来时，父母可以主动去和孩子一起完成。在拆卸的过程中，父母可以询问孩子玩具里面有什么，为什么它们会发出声响，引导孩子自己找出问题的答案，然后将拆卸开的玩具恢复原样。孩子在这个过程中就会获得满足，并且了解一些自己从未接触过的东西。在这一过程中，父母还可以告诉孩子有些东西是无法拆卸的，一旦拆了，就没法儿恢复原样。

（4）禁止孩子去触碰危险物品。

父母要及时把危险物品放置到孩子碰不到的地方。而且，还要有意识地告诉孩子哪些是危险物品，让孩子明白什么东西可以碰，什么东西是不可以碰的。

（5）给予孩子更多的关注。

对于想要捣乱的孩子，父母要给予更多的关注。不管父母工作有多忙，都要抽取固定的时间来陪孩子玩耍，满足孩子的心理需求，让孩子感受到父母对于他们的关爱。

幼儿喜欢捣乱是很正常的行为，父母不应该过多地进行责备，应当及时了解孩子的内心，对他们进行积极而正确的引导，这样才能让他们健康快乐地成长。

7.特别怕黑——自我保护的本能需求

妞妞马上就要3岁了,可是,晚上睡觉的时候,她依然要开着小夜灯,不敢关掉灯睡觉。只要妈妈一把灯关掉,妞妞就会本能地把身体缩起来,还会不自觉地向旁边的人靠拢。就算妞妞已经熟睡了很久,她依然会哭着醒过来,只是单纯地因为怕黑。

妈妈在一些杂志上看到,孩子睡觉的时候,开着灯会影响孩子的身体健康。可是,如果不开灯,妞妞不管怎么哄都不睡觉。妞妞小的时候,从来没发现她有这么害怕关灯睡觉,现在越来越大了,却发现她变得越来越胆小了。如果晚上回来得很晚,遇上楼道里没有灯亮着,她也会变得非常的焦虑,非要让父母抱着回家。而且,当把她抱起来的时候,很明显地就能感觉到她的不安,她总是紧紧地搂着爸爸妈妈的脖子。

不知道该如何开导孩子,甚至觉得孩子的心理出现了问题,这让妞妞的妈妈很是发愁。

有许多家长觉得,孩子会怕黑是与生俱来的,但其实孩子会怕黑是一种很正常的现象。通常,开始出现怕黑这一情况的宝宝,一般是在3~4岁,处于该时期的孩子刚刚开始接触外界,慢慢地去理解外面的世界,还没有安全感。所以,这是他们的一种自我保护的本能需求。当他们对黑暗中的事物不太确定的时候,他们的安全感就会迅速降低,进而开始怕黑。但是,如果孩子过度的怕黑,甚至于他们害怕黑夜的来临,就会对孩子的心理健康和性格的形成造成不良的影响。

随着孩子年龄的增长,他们会逐步接触社会,并且有着自己的思维方式。当他们观看一些影视作品的时候，常会出现一些夜晚的镜头，比如，一些"黑衣人"经常会在黑夜出现，还有一些在黑夜里出现的妖魔鬼怪，都会让孩子觉得非常的恐怖，产生心理阴影。他们会不自觉地认为，只要是黑夜就会出现不好的东西。

因此，父母可以多抽出时间来陪伴孩子观看适合他们的影片，并对其中的一些镜头给孩子进行讲解，以此来消除孩子的恐惧感。

那些心理敏感以及身体虚弱的孩子也极其怕黑，尤其是那些聪明的孩子对于"黑"更是惧怕。因为他们的内脏活动、大脑神经细胞活动，以及内分泌系统活动都是格外脆弱的。所以，父母应该多带孩子进行身体锻炼，例如跑步、跳跃、攀爬等。这样，孩子不仅可以拥有一个壮硕的身体，他们内心也会感觉到平和和安静。那么，对于黑暗，孩子也就没有那么害怕了。

3岁左右的孩子其视觉神经发育还不够完善，当黑夜来临的时候，他们的视线就变得模糊。而这种模糊的视线，常会对孩子造成一定的影响，因此他们就不可避免地用自己的想象力去弥补视线的缺失。所以，他们会想象出各种妖魔鬼怪来吓唬自己。这时，父母可以设置一个比床低一点、光线较暗的地灯，这样不仅不会影响到孩子睡觉，还会对孩子有一定的安抚作用。

父母平时还可以多买点孩子喜欢的玩偶，然后让玩偶来陪伴孩子入睡。假如孩子身边是自己喜欢的东西的话，就可以让孩子获得安全感，安静入睡。父母还可以带孩子多去体验黑暗，让孩子适当地在月光下散步，感受黑暗中的美好。这样，孩子就不会对黑暗有抵触的心理了。

当发现孩子怕黑的时候，父母首先要给孩子爱的拥抱，并且鼓励孩子，让孩子感受到自己的身体和父母的爱的真实存在感。这样，孩子就会逐渐地从虚幻中摆脱出来，确定自己是真实存在的，进而更有勇气和力量来摆脱对"黑"的恐惧。

8.喜欢到处扔东西——确定自己的空间感

浩浩，今年快1岁了。有一天，妈妈觉得浩浩可能饿了，就给了他一块饼干。但是，不知道是出于何种原因，浩浩把妈妈给他的饼干给随手扔掉了。随后，妈妈把他扔掉的饼干捡起后，又顺手递给了他一块，可他依旧把饼干扔到了地上，而且还对着妈妈咯咯地笑。

之后，类似扔饼干的事件又连续发生，无论妈妈给了浩浩什么东西，他都会把他们随手扔掉。只要他能拿得动的东西，他都会把它们扔到地上，无一幸免。看着地上乱七八糟的东西，他会非常高兴。

有许多的妈妈或许都碰到过类似的事情，当宝宝扔东西时，妈妈都会跟在他们屁股后面不厌其烦地把东西捡回来。妈妈已经感到非常不耐烦了，但是宝宝却仍然乐此不疲。那么，为什么孩子会喜欢扔东西到地上呢？

从调查的数据来看，一般6~8个月的宝宝就开始有了乱扔东西的习惯。当宝宝在扔东西时，他们会感到非常的兴奋。他们不会觉得自己这样做不好，只会认为是自己又多了一项技能，所以他们会乐此不疲地重复着扔东西的这个动作。并且，他们希望自己的这种行为可以吸引到父母的注意力，而且还能获得父母的表扬。

宝宝扔东西的行为，表明他们开始有意识地去控制自己的手了，这是孩子各方面协调发展的结果，如脑、手、眼等。宝宝的手的功能被唤醒以后，他们手部的肌肉也会逐渐变得发达，这时他们就会发现，自己的手不仅可以把东西抓起来，还能够随意地扔出去。这样的发现，让他们感到非常的意外。所以，他们要不断地练习，熟练自己的这项新技能。宝宝在反复扔东西的过程中，不仅可以训练他们的眼和手的协调能力，而且还可以促进他们的听觉、触觉以及手腕、上臂等肌肉的发展。

宝宝反复扔东西的过程，是他们学习的一个过程。例如，当他们在扔东西的过程中，他们会观察到物体的坠落轨道，而且还可以听到不同物体落地的声音，进而提升了孩子的观察能力；通过扔东西，孩子会发现要想听见物体发出的声响，就要去触碰物体，他们之间存在着必然的关系，培养他们的逻辑思维能力；从扔出东西到它落地会有一个过程，因此，宝宝在这一等待的过程中，会有一种心里期待；等等。所以，对宝宝而言，扔东西是他们必经的一个成长过程。在这一过程中，他们的身体、智力以及心理都会得到一个很好的发展。

宝宝乱扔东西是他们在体验手的功能，对宝宝的健康成长会大有好处。所以，在宝宝乱扔东西时，父母不应该进行过多地干预和劝阻，那么，父母应该怎么做呢？

（1）要适当地表扬孩子。

当父母看到宝宝刚刚学会抓起东西并扔出的时候，应该表扬宝宝的力气真大，扔东西真远。就算有些东西不应该被扔，父母也不应当对孩子进行严厉的责备。因为此时的宝宝无法分辨哪些可以扔，哪些不行，父母要把不能扔的东西放在宝宝够不到的地方。

（2）要适度地关爱孩子。

父母平常要多关心宝宝的情绪变化，让他们感受到来自父母亲的关心与爱护。但是，父母不要过分溺爱孩子，不要让他们养成通过扔东西来发泄情绪的坏习惯，否则不利于他们养成一个良好的性格。

（3）不给孩子玩不适合的东西。

对于幼小的孩童而言，他们还没有分辨事物的能力，不管看到什么东西，他们都会拿起来随手扔掉。所以，一些贵重的东西以及玻璃类的物品，千万不要放到孩子够得着的地方，这样不仅可以避免孩子受到伤害，还会避免损失。

（4）准备一些不易损坏的东西。

父母应该多给孩子买一些不易损坏的玩具，例如毛绒的、塑料的玩具等，这样既摔不坏东西，也可以避免孩子受到不必要的伤害。

（5）不要马上收拾被乱扔的玩具。

当孩子把一个玩具扔到地上的时候，父母不要马上去把它捡起来。否则，孩子会认为父母在跟他们一起玩，会扔的越来越起劲儿。要等宝宝不想扔了之后，父母再开始收拾。当然，父母可以一起跟孩子玩游戏，以此来促进彼此之间的感情，锻炼宝宝的动手能力。

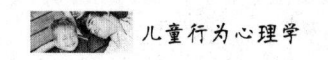

9.奇怪的恋物症——找不到情感的寄托

昊昊今年5岁了，但他对一个旧娃娃情有独钟，从他很小的时候，他们就形影不离了，几乎走到哪儿他都会带着它。虽然，妈妈会给他买各式各样的玩具，但是他也只是玩一小会儿就不想玩了，就又去找自己的娃娃去了。

父母尽可能地去哄骗他，希望昊昊可以把那个又脏又烂的娃娃扔掉，可是都会遭到他的反对。他每次出门，都会带着那个娃娃。倘若他发现父母没有给他带的话，就会哭闹不止。而且，每次睡觉的时候都要那个娃娃来陪伴，他才能很好地进入睡眠状态。就算昊昊进入了深度睡眠，他也会紧紧地抱着娃娃不松手。

不仅仅是玩具，有的孩子对于被子也是情有独钟的。不管孩子多大，都还是非常喜欢婴儿时期的被子，只有那个被子才能让他们安然入睡。所以，父母就开始担心孩子这么痴迷于一件东西，会不会有心理方面的问题出现。

其实对于孩子而言，那些物品不只是简单的物件，更多的是孩子内心需求的一种表现，是他们安全感的存在。父母不可能时常陪伴在孩子左右，所以，孩子就会用一些物品来代替妈妈作为陪伴，并且从中获得安慰。

面对玩具，孩子可以决定什么时候需要它们，什么时候不需要它们，孩子能够对它们进行很好的控制。当孩子利用玩具来陪伴自己的时候，他们就可以减少对父母的依赖，这也算是孩子从"完全依恋"走向"完全独立"的一种积极而正确的方法。

从孩子依恋的物品可以发现，他们大多都比较喜欢一些软乎乎的东西，这些东西可以拥抱，就像妈妈的怀抱一样温暖。孩子在婴幼儿时期，都会有接触身体的需要。孩子在接触身体的过程中，会有一种心理上的放松。所以，孩子会恋上那些软乎乎的东西。

可是，我们也会经常发现，有些孩子会恋物，有些孩子就不会。这可能是因为经常照顾孩子的长辈常会在他们身边，让他们拥有足够的安全感；又或者是因为他们通过其他方式来安慰自己。所以，专家认为容易对某种物品形成依恋的孩子，多是比较敏感的孩子。而那些不恋物的孩子，可能更开朗些。

有很多人认为孩子恋物，就是心理有问题，需要及时进行纠正。其实，事实并非如此。恋物可以让他们在比较不适应的环境中进行很好的自我安慰。因此，只要孩子能够正常成长，那么他的恋物就不是异常的，这种依恋会随着他的年龄增长而逐渐消失。

虽然孩子恋物不是心理疾病，但当孩子对一件物品过分依赖时，父母就得对孩子进行一定的干预了。父母可以从以下几个方面来着手进行：

（1）父母要多给予孩子拥抱。

父母要时不时去抱抱孩子，而不带任何的条件。无论是孩子获得成绩时，还是在孩子犯错而感到不安时，都要及时拥抱孩子。时常拥抱孩子，让他们觉得父母是一直在他们身边的，自然不会让一些物品来充当自己的"精神保险带"。

（2）孩子睡前做好安抚工作。

很多孩子会恋物，是因为他们在入睡前有不安感。有些父母觉得孩子抱着玩具入睡，自己就清闲了不少，所以就觉得孩子只要能入睡，怎样都好。其实父母这样做，恰恰给孩子提供了一个恋物的理由。倘若父母在孩子睡前能够给他们讲一些有趣的小故事，甚至是哼一两首歌让孩子安然入睡，他们就不会过度依赖其他物品了。

（3）不要对孩子进行强制戒除。

对于恋物，父母采取的方式正确的话，就不会影响到孩子的正常发育。但是，如果父母处理不当，就会给孩子留下心理阴影。所以，父母一定要谨慎处理，只要不是过分依赖，顺其自然就好。

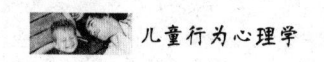

10.离家出走——缺乏安全感或自尊心受损

不堪学习的压力，父母的期望值过高，太过苛刻的学校教育，想出去看看外面的世界，诸如此类的理由让很多孩子不约而同地选择离家出走，并成为社会关注的焦点。

这是一个真实的案件。2003年12月中旬，某市一位陈先生接到女儿所在学校的电话，老师告诉他，他女儿已经很久没有来学校上课了，其间也没有请假，连最重要的期末考试都没有参加。接到学校的电话，陈先生夫妻俩惶恐不安，立即来到学校了解情况。班主任告诉他，据了解，前几天一位同学王某打电话约她出去玩，结果就音信全无。而她的各种日用品，各种证件都没带。校方与家长立即向当地派出所报了案，同时从各个方面搜寻线索，另派专人协助警方调查。

陈先生的妻子得知女儿失踪，天天以泪洗面，生怕女儿出什么事情，希望女儿能早日平安回家。鉴于此，学校开始广泛搜集其所交朋友的电话，但是没有任何消息。同宿舍的室友说她喜欢上网，学校就派人日夜盯守网络，终于等到王某上线，但随后立即下线，突然间没有任何消息。

直到12月下旬，陈先生的女儿才被找到。回到学校后，班主任问她："为什么想到出走呢？"她回答："就是因为学业负担太重了，压力太大了！"班主任紧接着说："那你不回来，就不怕学校、家长担心吗？"她说："我肯定会回来的，就是想出去散散心！"这让老师也很是无奈。

近年来，新闻媒体经常报道小孩子因为一点事情离家出走，他们大多居无定所，有些甚至碰上了坏人，走上了犯罪的道路。据调查显示，或者因为父母的施压，或者因为学业太过繁重，很多学生会选择离家出走逃避。这种孩子大多因为缺乏安全感，或者自尊心受损，所以选择离家出走来逃避自己。

无论孩子是因为哪种原因选择离家出走，都可能给他们带来极为严重的后果。所以，家长和老师应当给予孩子正确的教育，做到防患于未然。

（1）对孩子进行正确的人生观教育。

无论是父母还是老师，都要从身边点点滴滴的小事做起，抓住每一个契机对孩子进行正确的人生观教育，教会他们明辨是非曲直，分辨善恶美丑，考虑前因后果。孩子一旦具备了健康、乐观的心态，就能大大减少处理问题的盲目性与片面性。

（2）教给孩子解决问题的方法。

孩子在成长过程中，会遇到诸多或大或小的问题，有些问题对孩子来讲比较棘手，当孩子向家长倾诉的时候，千万别以为孩子的事小而不屑一顾，要认真地与之寻求解决问题的方法。在适当的条件下，给予他们一定的帮助，逐步培养他们独立解决问题的能力。

（3）家长要给孩子足够的关爱和理解。

许多家长认为自己给予孩子足够的物质关怀就足够了，却忽视了孩子的精神世界。孩子虽小，却有着属于他们的天地，有他们的烦恼和喜悦。父母和老师要从孩子的视角来看待孩子的问题，多给他们一份关爱和理解，使自己成为孩子的朋友，给孩子创造一个良好的环境。

与此同时，环境对孩子的健康成长起着不可估量的作用。互敬互爱的家庭、团结向上的班集体，都有利于孩子良好情绪、健康心态的形成。父母要经常和孩子一同外出，创造孩子与外界接触的机会，让他们从正反两方面了解社会、了解人生，知道外面的世界虽然很精彩，但也很无奈，他们现在还没有能力独立面对它。

一般情况下，孩子离家出走前，事先会做出比较周密的计划和准备。家长要做个有心人，留心孩子的反常举动，在其未出走之前了解其行动计划，并进一步做好孩子的心理疏导。当孩子的心理障碍发展到一定程度时，仅凭家长或教师的能力不一定能比较圆满地解决问题时，家长或教师要及时地求助心理咨询专家，有心病切莫忌医，要尽量消除孩子的心理障碍或心理疾病。

第十一章

亲子行为：破解孩子心理行为的暗语

　　孩子的一天天长大了，但却变得越来越难应对了，很多父母经常被孩子折腾得头昏脑涨，却总是束手无策。如何建立和谐的亲子关系呢？只要你破解了孩子行为的暗语，一切将迎刃而解。

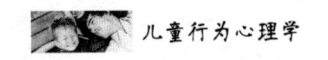

1.把父母的话当耳旁风——可能是孩子有自己的想法

"小紫,今天外面很冷,一定要穿厚衣服。"妈妈把衣服放到沙发上,赶时间准备出门了。小紫起来洗漱吃饭,收拾好自己的书包准备出门。出门前,小紫迟疑了一下,心里想穿这么厚干吗,身上的这件衣服就挺好的,然后,依然穿着薄衣服出门了。

妈妈下班,顺便接小紫回家。结果,看到小紫穿的衣服,就问:"你这孩子,怎么把我说的话当耳旁风呀!让你穿厚衣服你也不听,冻坏了可怎么好!"小紫很生气地跟妈妈说:"不冷!那件衣服太丑了,再说我也没怎么样呀!"两个人一路上赌气回到了家。

吃饭的时候小紫还好好的,没想到晚上睡觉的时便开始发烧。看着孩子难受的样子,妈妈也很是心疼。这个时候,小紫这才明白了妈妈的苦心。小紫说:"妈妈,我记住了。下次天冷的时候,我一定穿厚衣服。"

很多时候,父母安排孩子做什么事情,孩子要么就是没听见,要么就是把家长的话当作耳旁风。孩子把家长的话当作耳旁风,可能是孩子有了自己的想法,而这个想法多半和父母说的不一致。除此之外,还有以下原因:

(1) 大人讲话啰唆,孩子不愿意听。

其实父母都是为了孩子好,对孩子倾注全部的爱,可是孩子总是觉得父母唠唠叨叨,或是嫌父母麻烦。

(2) 对大人的责备假装听不见。

当孩子做错事后,有些父母对孩子要求过分苛刻,一味地责备孩子,故而引起孩子的反感。所以,他们选择假装听不见以应对父母的责备。

（3）正在专注做某件事。

当孩子专注于自己喜欢的事情时，如果父母选择此时对孩子说教，孩子则会产生极为厌烦的心理，对所说之话语置之不理。

无论孩子是出于何种原因，家长应注意以下几个方面：

第一，要想让孩子不把父母的话当成耳旁风，父母首先要做出榜样，即经常听孩子讲话，并及时做出相应的反应。或许父母没有意识到，自己平时对孩子的要求常常置之不理。也许孩子一个小小的要求对父母来说微不足道，但对孩子而言却至关重要。孩子因为表达能力有限等原因导致大人没有耐心听孩子讲解，为此孩子便会感到沮丧、不被尊重。如果大人能经常倾听孩子的要求，孩子也就不会拒听大人的话了。

第二，父母对孩子的要求要符合实际，简单明了。小学低年级的孩子，一次只能理解和完成两步要求，如果要求太多或过于复杂，孩子都难以听懂和实现。例如，父母说："把书放到书架上。"但是孩子因为身高不够，就无法完成任务；又比如说："把玩具收拾起来放好。"但是孩子不知道放到何处。父母希望孩子听话，要求首先要明确，命令要简单、亲切。

第三，要适当地表扬孩子。孩子肯听话时，父母要表示更多的关心和注意，并且要适当地予以表扬。比如："宝宝真听话，真的是长大了！妈妈很高兴！"

第四，让孩子自己承担后果。如果孩子把父母的话当成耳旁风，可以适当地放手，让孩子承担不听父母话的后果。当孩子体会到了苦头之后，下次一定会学会听父母的话。

如果父母能够按照上述的建议去做，相信自己的孩子一定会是个听话的孩子。与此同时，父母也要注意培养孩子的兴趣和好奇心，让孩子敢于探索，敢于承担。

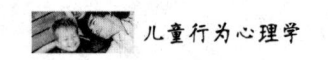

2.与家长对着干——陷入了禁果效应

笑笑今年3岁半,温顺乖巧,招人喜爱。可是,最近一段时间,妈妈发现笑笑有点儿反常,总是喜欢唱反调,与父母对着干。吃饭的时候,妈妈说:"宝宝,现在是吃饭时间,我们去吃饭,好吗?"笑笑一扭头说:"不!"到了睡觉时间,妈妈哄着说:"宝宝,明天我们还要上幼儿园,早点睡觉吧!"笑笑又使劲摇头,大声说:"不!"

妈妈说每天看动画片的时间不能超过两个小时,可她非得要天天盯着电视;妈妈说要少吃糖果、巧克力之类的甜食,对牙齿不好,可一不让她吃,她就大哭大闹……这样的事情,最近数不胜数。对此,妈妈感觉很奇怪:"笑笑一直都很乖,为什么突然间就像变了个人似的呢?总是喜欢与家长对着干呢?"

相信很多年轻妈妈都有类似的体会,孩子到了两三岁的时候就开始和家长对着干,你说东,他说西,经常和父母顶嘴,任性。父母疑虑为什么原本乖巧的孩子变得如此任性,总是跟父母对着干。其实,父母大可不必过度焦虑,因为这是孩子心理成长过程中的必经阶段。

幼儿心理学家研究表明,宝宝两三岁时,由于自由活动能力大大增强,接触的事情大大增多,视野也变得开阔,故而自我意识越来越强烈,才会表现出越来越强的自主选择性。这个时候,他们喜欢对成人的要求和安排说"不",喜欢自我独立自主地完成一些事情。种种行为表现,其实是孩子认识到自我,独立性开始萌芽的发展表现。心理学家把孩子在2~5岁之间集中出现的逆反行为称为禁果效应,也称为"亚当与夏娃效应"。

所谓禁果效应，指一些事情越被禁止，越能吸引他人的注意，使得更多人参与或关注。该名词来源于一个典故。相传，古希腊有位叫潘多拉的姑娘从万神之神——宙斯处获得一个神秘的小匣子。宙斯严令禁止她打开，但是这反而激发了潘多拉的冒险心理。正是受到急欲探求盒子秘密的心理的影响，最终她打开了潘多拉盒子，于是灾祸由此飞出，充满人间。

其实，孩子与家长对着干，有些时候并不是一件坏事，专家曾对此做过一项实验。他将2~5岁的幼儿分成两组，一组反抗性较强，另一组反抗性较弱。结果发现，反抗性较强的一组中，80%的孩子长大后独立判断能力较强；而反抗性较弱的一组中，只有24%的孩子长大后能够自己行事，但是独立判断事情的能力仍旧比较弱，经常会依赖他人。心理学家认为爱唱反调、喜欢与家长对着干的孩子已经有了自己的想法，也能够发展自我独立判断能力和独立做事的能力。

因此，父母不要认为孩子不听话就是不懂事，这只是他表现自我的方式之一。

当孩子对你说"不"时，千万不要着急。要知道，这是孩子个性形成的关键期，父母的态度会直接影响到孩子个性品质的形成。通常，父母只要把握好以下几点，就能帮助孩子顺利渡过"禁果效应"。

（1）理解尊重孩子。

当孩子喜欢说"不"的时候，父母千万不要责备孩子，而是应该蹲下来，以平等的姿态来征求孩子的意见，与孩子进行沟通。这个时候，父母维护了孩子的自尊，孩子也愿意听父母的话，就不会轻易和父母说反话了。

（2）尝试改变孩子"作对"的环境。

孩子会和父母作对，很多时候是因为父母为其创造了"作对"的环境。比如，关于孩子晚上睡觉前吃糖果的习惯，正是因为父母为孩子准备了糖果，孩子才会不停地去吃。如果父母尝试着改变环境，少为孩子买零食，孩子自然也不会和父母"作对"了。

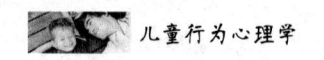

（3）满足孩子的好奇心和合理要求。

过度的保护孩子也是导致孩子说"不"的原因。2~5岁的孩子在好奇心的驱使下会让孩子想尝试各种事情，而父母的宠爱和庇护让孩子失去了很多独立探索世界的机会。所以，父母应该相信孩子的能力，满足其合理要求，让孩子在实践的同时积累经验，体会成功。

（4）切忌娇惯、放纵孩子。

孩子喜欢和父母说"不"，本来是一种正常的现象，但如果听之任之就会让孩子养成任性、骄横的性格。因此，父母首先应该心平气和地和孩子讲道理，告诉他不能满足其要求的原因，抑制任性行为的发生。在沟通无效的情况下，明确表明自己的态度：不合理的要求，再闹也不能满足。

3.喜欢和父母撒娇——缺乏安全感的表现

雅茹的妈妈在大城市打拼，工作压力大，宝宝出生之后，生活压力更大。因此，妈妈不得不早早给孩子断奶，把孩子交给双方的父母照看，开始了朝九晚五的生活，只有在周末的时候才能与孩子有充分的相处时间。平时，雅茹也不黏着妈妈，喜欢跟爷爷奶奶、外公外婆玩，一开始妈妈觉着也挺好的，因为上班实在太累了。可是，过了一段时间，雅茹妈妈内心很失落。孩子喜欢和奶奶、外婆撒娇，不喜欢缠着妈妈，这让妈妈产生了很强的妒忌感。妈妈觉得孩子亲她们，不亲自己。雅茹的妈妈将这件事告诉了爸爸，两个人商量后，决定尽量多创造一些与孩子相处的时间。慢慢地，雅茹开始和妈妈亲近，喜欢和父母撒娇。但是，父母又觉得孩子太黏人了。

很多父母都会有这样的困惑：孩子不喜欢黏着自己时，自己内心失落，如果孩子总是喜欢和父母撒娇又觉得孩子太黏人了。其实，孩子不喜欢亲近父母的原因很简单，即父母与孩子相处时间不够，不能给孩子足够的爱和体贴。可是，孩子为什么喜欢撒娇的原因很多父母却不知道。

儿童行为心理学家认为，孩子之所以撒娇最大的原因是缺乏安全感。简而言之，即孩子撒娇是觉得父母对他的爱不够。也许很多父母觉得已经给予了孩子满满的爱，但是孩子所需要的爱和陪伴却还不能满足。很多时候，孩子认为父母给予的爱不能给他们带来安全感。除了向父母寻求帮助，并无其他途径以获得他们想要的安全感。

所以，当孩子向父母撒娇的时候，父母首先应该反思自己对孩子的爱是否能够帮助孩子建立安全感。如果孩子撒娇，而父母一味地宠溺，这样不会帮

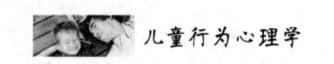

助孩子建立安全感，反而助长了孩子的不良习惯。这个时候，一旦父母不再宠爱孩子，孩子就会觉得无所适从。

安全感是一个人最重要的生命质量指标，也是衡量一个人幸福程度的最大要素。幼儿时期，孩子对安全感的感知非常重要，如果一个人在儿童时期没有获得良好的安全感，那么他很有可能一生都落入缺乏安全感的阴影中。而孩子最初的安全感由父母所给予，如果父母没有能力照顾孩子，不能给孩子足够的爱，孩子就会缺乏安全感。

安全感对于幼年的孩子而言，是一种非常重要的心理营养。孩子喜欢对父母撒娇，除了在向父母表达"爸爸妈妈，我想亲近你们"的表面含义外，安全感的需求即为潜在的、深层次的含义。孩子在感知到安全时，会撒娇；在感知到安全感缺失时也会撒娇。因此，父母要认真地辨别孩子的需求，区别对待，以便更好地给予孩子所需要的安全感。

（1）鼓励孩子勇敢地迎接陌生世界，挑战新事物。

当孩子在迎接陌生世界、挑战新事物时，父母要学会鼓励孩子。也许他会遭遇失败或困难，但是无妨，一次次的体验会让他敢于面对，愈加坚强。起初，父母陪伴孩子一起面对，但是等时机成熟，父母就要学会放手，让孩子独立探索世界，勇敢地挑战新事物。

（2）让孩子学会表达自我需求。

父母在与孩子互动的过程中，要教会孩子学会表达自己的要求，并且回应父母的要求，逐渐培养孩子与周围人的交往能力。如果孩子撒娇，父母要积极予以回应，帮助孩子建立稳定的情绪，这样既能培养融洽的亲子关系，也能够教会孩子与他人相处。

（3）观察孩子的行为，调整教育方式。

有些时候，父母会发现孩子睡觉前会抱着枕头或喜欢的毛绒玩具睡觉，实际上这与撒娇效果类似，是缺乏安全感的表现。这个时候，父母就要学会反思自己，是不是对孩子的关爱不够，并且要学会适时地调整自己的教育方式。千万不要认为孩子有了物质财富就够了，心灵上的陪伴才更加重要。

4.在家没大没小——与爸爸妈妈意见不同

现在的孩子大多是父母的掌中宝。可是伴随着孩子慢慢长大，慢慢懂事后，父母发现孩子越来越没大没小，常常对长辈大吼大叫，怎么说也不听，有的时候还会顶嘴。很多父母觉得孩子这样没什么，等到孩子长大了、懂事了，自然会变得有礼貌。

其实不然，如果父母没有纠正孩子没大没小的习惯，孩子就会觉得这样做是正确的，反而会越来越没有礼貌，不止是对自己的爸爸妈妈，对家里的客人、老师都会没有礼貌。长此以往，孩子可能会养成霸道、不讲理、任性的个性。不到6岁闹闹就是这样。

闹闹在家里没大没小，对来访的客人更是无礼，令爸爸妈妈非常头疼。家里一来客人，无论是父母的朋友还是其他小朋友，他都很没礼貌。有的时候，他还会当着客人的面耍脾气，大哭大闹。如果有同龄的小朋友前来，他也不懂得谦让，会和其他小朋友抢东西吃，抢玩具玩。

一次，爸爸的同事到闹闹家，爸爸让闹闹叫叔叔。闹闹正在客厅玩玩具，看了一眼，脱口而出："大胖子！"爸爸一听，觉得很是尴尬，就告诉闹闹："你怎么这么没礼貌，没大没小！"可是闹闹却不以为然，回答道："他本来就很胖，难不成让我叫他瘦子！"这让爸爸觉得很是无奈。

有些时候，孩子没大没小也是出于无意，他自己也没有意识到自己的行为没有礼貌。这种情况除了孩子自己的个性外，很有可能是受家庭环境影响。如果父母经常在孩子面前吵架斗嘴，孩子就会慢慢以为这是正常的说话方式，自己也学着爸爸妈妈的口气说话。

某种程度而言，3岁以上的孩子在家没大没小是与父母意见不同的表现。当孩子逐渐形成自我意识后，有了自己的观点就喜欢展示自我。所以，当孩子与父母有不同意见时，他就会选择和爸爸妈妈探讨争论，或者以命令的口吻让爸爸妈妈接受自己的想法。

举个例子，如果孩子边吃饭边看电视，这个时候爸爸强制把电视机关掉，让他专心致志吃饭。可是孩子就会认为："我又没有不吃饭，你怎么可以关掉电视机呢？"当孩子觉得爸爸做得不对的时候，就会大吵大闹告诉爸爸："我就是要边吃饭边看电视，把遥控器还我！"

此外，当父母要求孩子做事时，如果总是命令孩子反而会让他觉得反感，产生逆反心理，不喜欢爸爸妈妈命令自己做事，所以就会用不礼貌的口气顶撞爸爸妈妈。这个时候孩子可能是想用不礼貌的行为来挑战父母的权威。

那么，父母应该如何教会孩子懂礼貌呢？

（1）告诉孩子要用正确的表达方式。

当孩子没大没小、喜欢顶撞长辈，对长辈大喊大叫的时候，父母应该先保持冷静，耐心地告诉他应该如何礼貌地表达自己的观点。比如爸爸妈妈可以和孩子面对面坐下来，用缓和一点的语气告诉他："宝宝如果有自己的想法可以大胆地说出来，不能大喊大叫。如果宝宝说的对，爸妈会尊重你的观点，但是你大喊大叫这样太不礼貌啦！"这样的处理方法可以有效地减少亲子间的情绪冲突。

（2）让孩子进行换位思考。

如果孩子想用没大没小的方式吸引爸妈的注意，表达自己的不满，爸妈可以先让他一个人独处一下，等其情绪冷静下来，再用换位思考的方式让他知道自己这样做的不合理之处。比如妈妈可以跟孩子说："如果其他小朋友像宝宝一样，对着宝宝大吼大叫，宝宝会不会觉得很难受、不喜欢和他玩了呢？"这样的换位思考不仅可以让他改正没大没小的坏习惯，还能让他受到其他小朋友的欢迎。

(3) 要做孩子的好榜样。

父母是孩子学习的榜样,孩子很容易有样学样,如果看到爸妈经常相互大喊大叫,他也会模仿这种行为,所以在孩子面前,爸妈要做好榜样,比如遇到长辈或朋友都要问好、经常对人说"谢谢""对不起"等。

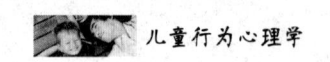

5.喜欢和父母玩亲亲——行为成人化的表现

思思今年4岁了，但是总是喜欢和爸爸妈妈玩亲亲。小家伙总是喜欢让爸爸妈妈抱他，喜欢和爸爸妈妈亲亲，这让父母觉得很是无奈。孩子已然过了断奶的年龄，可是总喜欢让爸爸妈妈抱着，还经常喜欢跟爸爸妈妈说："爸爸妈妈，你亲我一下好不好。"爸爸妈妈都觉得孩子是不是成熟太早了。

除了和父母玩亲亲，有些孩子其他方面也表现得极为成人化。一位老师反映，他们班的有些学生说："老师，我让我家最大的车来接你，请你去吃饭。""老师，你喜欢什么东西，我要送给你礼物。"这本来是成人应该明白和理解的事情，却早早地表现在了孩子身上。

那么，孩子为什么会表现得行为成人化呢？答案很简单，即由于好奇心和想获得心理满足感。

随着孩子活动能力的增强，其探索外界的能力和愿望也在增强。他会发现父母的行为和自己的有所不同，因此便会产生模仿大人的意识和行为。见到爸爸给妈妈一个爱的亲吻，孩子也会模仿；见到妈妈穿高跟鞋，孩子也会偷偷地穿妈妈的高跟鞋；见到爸爸妈妈带着公文包出门，孩子也会模仿爸爸妈妈上班的样子。

除了好奇心之外，孩子也会通过模仿成人，希望获得心理的满足感。他们希望自己能和成年人一样，做大人的事情。这是孩子希望长大成人的表现，希望在成长过程中获得心理满足感。

父母是孩子最好的老师，针对孩子喜欢和父母玩亲亲，行为成人化的表现，父母应该正确引导孩子。

(1) 淡化孩子的成人化行为。

如果父母发现孩子有成人化的行为，尤其是在公众场合，比如亲吻父母的行为，千万不要因此大声责备、吓唬孩子，而是要保持冷静，心平气和地对待孩子的举动。父母要告诉孩子，他的做法可能让其他人不舒服，但如果宝宝换一种做法可能会更好。孩子有自己的快乐和烦恼，如果过于成熟不仅容易缺少朋友，还可能因此错过了一些人生体验。

(2) 遵循孩子的天性和自我发展。

伴随着孩子的成长，他们的自我意识和自我判断力会逐渐增强。当孩子有了自我判断能力时，父母应该平等地与他们相处，与孩子更好地进行沟通、交流。孩子成长的时候，父母也在成长，父母要学会与孩子成为朋友。

(3) 引导孩子做适合他们的事情。

形形色色的人和事情，有的时候让孩子分不清好的还是坏的，这个时候父母就要学会及时引导孩子。当孩子挑选衣服的时候，父母可以告诉孩子要挑选适合自己年龄段的衣服；当孩子模仿妈妈化妆时，妈妈可以告诉孩子化妆是上班的形象，等到孩子长大上班后也要自己化妆；当孩子喜欢模仿父母亲亲时，父母要告诉孩子，父母亲吻是因为相爱，以后自己也会遇到一生的挚爱。

不可否认，孩子的思想或行为总会受到父母的影响。父母是孩子的第一任教师。无论是孩子的穿衣打扮还是孩子的消费方式、说话方式乃至思维模式都可能会出现成人化的倾向。儿童心理学家认为，孩子行为成人化是孩童心理发展过程中正常的现象。如今的孩子，很多心理年龄都高于实际年龄。

面对此类情况，父母要学会正确地引导孩子，避免矫枉过正。

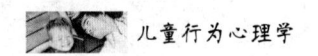

6.对父母忽冷忽热——与父母有情感隔阂

8岁的小男孩嘟嘟是爸爸妈妈的掌上明珠,每天喜欢和爸爸妈妈妈聊聊自己在学校遇到的"奇闻怪事"。可是,最近,嘟嘟变得有些反常,有时,跟爸爸妈妈在一起时,话很少。"嘟嘟,作业写完了吗?""嗯!""这周末想去什么地方呀,妈妈带你去!""随便!"下午爸爸或妈妈把嘟嘟接回家后,他就喜欢一个人待在房间里,一句话也不愿意和爸妈交流。爸妈问他话的时候,他也只是礼貌性回答一声。有时他的话会特别多,一天一个样,对爸妈忽冷忽热。有时他喜欢钻进爸爸妈妈的怀里,与爸爸妈妈说说笑笑,可有的时候就冷若冰霜,一言不发。这让父母很苦恼,孩子到底是怎么了,忽冷忽热。

嘟嘟爸妈觉得很受伤,父母一直以来对他付出全部的爱,做什么事情都为他着想,虽然某些情况下对嘟嘟的教育方式有些严厉,但全部是为了孩子的健康成长。结果,嘟嘟却对父母忽冷忽热,这就是我们通常所说的情感隔阂。

孩子5岁后,生理与心理都得到较为迅速的发展,与幼儿阶段的各方面表现都有明显的不同。这一阶段,孩子的思维更加以"自我"为中心,自我意识高涨,反抗心理增强,情绪表现得很不稳定。因此,很容易出现对父母忽冷忽热的现象。另外,如果父母出现以下行为,也很容易让父母与孩子之间出现情感隔阂。

(1)父母只顾忙自己的事情。

如果爸爸妈妈只顾自己的事情,很少陪孩子学习、玩耍,晚上也很晚回家,几乎抽不出时间来陪伴孩子。这样,孩子自然不会感受到爸爸妈妈的爱,时间久了就与父母疏远了。

（2）不懂得尊重孩子的朋友。

每个孩子都有自己的交际圈，都喜欢和朋友一起玩，但有些爸爸妈妈对孩子管束得太多，认为自己的孩子经常和有不良习惯的小朋友待在一起，会被带坏。所以，妈妈会想尽办法阻止孩子和其他小朋友玩。当孩子接受到邀请时，父母就会以孩子忙、没空为由拒绝孩子参加。这个时候，孩子就会有了心结，不愿和爸爸妈妈亲近。

（3）说话不算数。

有些父母总是说话不算数，答应允诺孩子的事情，总是以"工作忙""下次再说"为由推脱。久而久之，孩子就会不信任孩子，自然而然不愿意与爸妈亲近。

作为最疼爱孩子的爸爸妈妈，当孩子对你忽冷忽热时，也许会感到委屈，甚至伤心，如果双方之间的情感隔阂得不到有效解决，久而久之就会造成父母与孩子之间的距离愈来愈远。因此，父母要让孩子重新爱上自己，就应该做到以下几点。

（1）改变"你必须服从我"的教育方式。

父母希望孩子听话、懂事，按自己的意愿行事。孩子一旦逆反就责备、体罚孩子。小孩子都存在逆反心理，如果父母态度过于强硬，当孩子犯错后，就会因害怕而不敢跟父母坦白，而是选择疏远的方式。所以，孩子犯错了，父母应该先认真了解事情的来龙去脉，跟孩子解释这样做不对的原因。这样就会避免孩子产生反感、憎恨等情绪。

（2）给孩子一点自主权。

无论工作再忙，父母都应该每天抽出一点时间来陪伴孩子。或者周末抽出一天时间，放下所有的工作，将全部精力放在孩子身上。在这一天时间里，父母可以让孩子自己决定玩什么游戏，给孩子一定自主选择的机会。如果父母能够尊重孩子，能够弥补孩子内心的情感需求，和孩子的亲密关系也会很容易建立起来。

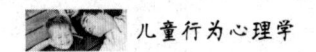

（3）让孩子勇敢地表达对父母的爱。

父母爱孩子要表达出来，告诉孩子爸爸妈妈是爱他的。同样地也要让孩子勇敢地表达自己对父母的爱。也许是一句关心的话语，但是孩子不经意的表达都会让父母感觉到心里暖暖的。

孩子与父母有情感隔阂属于正常的表现，关键是父母如何与孩子沟通交流，让孩子感受到父母的爱。从现在起，勇敢地表达自己的爱，消除双方的情感隔阂。孩子的成长也就是父母的成长。

7.不喜欢二胎妹妹——想独占父母的爱

6岁的靓靓有了一个小妹妹。小妹妹刚出生的时候，靓靓非常兴奋。上学的时候，不管路上遇到谁，都会说自己有个小妹妹，可好了。但是，没过两个月，靓靓就开始讨厌小妹妹了。原来，全家人都在照顾小妹妹，抱小妹妹，亲小妹妹，这让靓靓很不开心。虽然6岁的靓靓已经能独立自己穿衣、洗漱、吃饭，做一些力所能及的事情，但她还是感觉自己受到了冷落。

有一天，爸爸下班回来之后，径直走向卧室抱起小妹妹。靓靓看见了，就哭着跑过去告诉爸爸："你们是不是以后只关心小妹妹，只管她不管我了。"听到靓靓吃醋了，全家人都笑话她。这个时候，爸爸说："你都6岁了，是个大姑娘了。你都可以自己走路，自己吃饭，想去哪儿就去哪儿，想吃什么就吃什么，可是，你看妹妹，她还不会自己走路，自己吃饭呀！"靓靓一言不发，啪的一下关上门。

后来，妈妈意识到靓靓的情绪，急忙跑过去看看。不想，靓靓正一个人躲在卧室里伤心地哭。妈妈问："靓靓，你为什么哭啊？"靓靓难过地说："妈妈，你和爸爸是不是不爱我了？"妈妈笑着说："傻孩子，我们怎么会不爱你呢？"靓靓又问："那你们为什么只关心小妹妹？又是抱，又是亲，为什么也不抱我，也不亲我呢？"

妈妈听完之后，坐在靓靓身边，把靓靓抱在怀里，告诉靓靓："靓靓，爸爸妈妈永远都爱你。不管家里有几个孩子，我们最爱的都是你，因为你是爸爸妈妈的第一个孩子。你比妹妹大，你和爸爸妈妈一起爱妹妹，好吗？"听了妈妈的话，靓靓开心地笑了。

靓靓之所以觉得自己受了委屈，吵着让爸爸妈妈抱，是想验证爸爸妈妈是否像爱小妹妹一样爱自己。如果父母一味地说靓靓已经长大了，不用爸爸妈妈抱她、亲她了，那么靓靓一定会认为爸爸妈妈不爱他了。其实，孩子的心思是很细腻的。父母只需要多关心孩子，孩子心中的疑虑也会自然而然地解开。

5~6岁的孩子正是非常安静内敛，也充满爱心的年龄段。如果父母想让孩子快乐成长，就不要只顾着给弟弟妹妹而忽略了哥哥姐姐，也该给予哥哥姐姐足够的爱和关心，让他们更加快乐幸福。

伴随着"二胎"政策的放开，很多家庭有了生"二胎"的念头。而如何和大孩子沟通，并处理好两个孩子的关系对于父母极为重要。曾经网上流传过一段男孩要求妈妈不生二胎的视频。视频里，男孩边哭边控诉："妈妈，我今天就把话讲清楚了，你要是敢生二胎，我就敢死！我不想要弟弟妹妹，因为这样你们会把爱分给弟弟妹妹，不爱我了！"

其实，害怕弟弟妹妹分走父母的爱是小孩子的正常反应。但是一旦父母讲清楚并让他们好好相处一段时间之后，孩子的负面情绪就会慢慢消失。从长远角度来看，孩子会觉得自己有了一个很好的玩伴，而不是抢走了父母的爱这种想法。

父母应该学会让孩子慢慢接受并期待弟弟妹妹的到来，和爸爸妈妈一起爱弟弟妹妹，并以各种行动让孩子知道：弟弟妹妹并不会分走爸爸妈妈的爱，反而会多一个新的家庭成员来爱他、陪伴他。

当妈妈的肚子里已经孕育了一个小宝宝时，还在未引起孩子注意之前，要提前告诉他将有个小弟弟或小妹妹。父母要告诉他，等他长大一点，就会成为我们家里的一部分。此外，还要告诉孩子，如果你能很乖地听话，让妈妈多休息，就是帮妈妈肚子里的小孩子一起成长。在这期间，要给第一个孩子更多的拥抱和微笑，告诉孩子爸妈很爱他。

当孩子出生后，处事也要公平，不要总是让老大把他的东西分给弟弟妹妹，比如他心爱的玩具，千万不要给孩子太大的压力，强迫孩子懂事，强迫他做一个小大人。

有些孩子不喜欢二胎弟弟或妹妹，怕弟弟妹妹会独占父母的爱。手心手背都是肉，父母要学会跟孩子讲明白道理，让孩子明白父母是爱他的，并且以后他也会多了个玩伴。这样，孩子才能够接受二胎妹妹或弟弟。

第十二章

行为误区：父母不可不知的儿童行为
　　　　心理知识

很多父母在孩子身上花了大量的时间、精力和金钱，但孩子却越来越娇纵、难管，究其原因，是因为没有正确的教育方法，出现了很多行为误区。了解一些儿童行为心理学知识，是走出这些误区的前提。

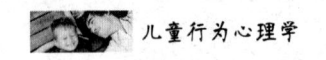

1.父母言而无信——孩子有样学样

孩子的脸说变就变，时而晴朗，时而阴郁。这正是因为他们年龄比较小，比较情绪化。他们的情感不够稳定，进而造成了他们的情绪波动。他们也有自己的思想，一旦受到外界的影响，他们的情绪就会在很短的时间内发生变化，尤其是受到父母的阻挠的时候。面对孩子提出的要求，父母无法满足时，就会采取缓兵之计，草率应付孩子，让其归于平静。或者父母最直接的方式就是说出"不"，殊不知这样会让他们陷入两难的境地。

甜甜非常喜欢遥控飞机，爸爸带她去商场的时候，就一直哭着央求爸爸给她买回来。爸爸不知道该如何让甜甜停止哭泣，商场里那么多人看着，让甜甜的爸爸感到很没面子。于是，他就告诉甜甜，如果甜甜听话的话，等下一次就给甜甜买。就这样，甜甜信了爸爸的话。可是，甜甜等了很久，都没有等到爸爸实现他的诺言，而爸爸再也没有提起过这件事情。甜甜之后再也不相信爸爸的话了。

妈妈答应孩子完成作业后可以有一段自由支配的时间，所以林林就在电话里与同学商量好一会儿一起去游乐场玩。可是，当孩子完成家庭作业以后，妈妈却不允许他出门。眼看与同学约好的时间马上就要到了，可妈妈就是一直不同意，与孩子僵持不下。最终，孩子被迫失约了。就是这么一件小小的事情，却深深地伤害了孩子的心灵。

很多爸爸妈妈觉得孩子还小，有些事情他们就应该听父母的。所以，面对孩子提出的种种条件，用出缓兵之计，答应以后办，可就没有下文了。父母以为孩子还小，不会牢牢记住爸爸妈妈说的话的，也许睡一觉就彻底忘干净了。其实不然，孩子虽然还小，但是记性却非常好。如果长期面对父母的言而无信，最后导致的结果就是，孩子也有样学样，或先斩后奏，不再听爸爸妈妈的话，然后父母也发现自己越来越管不住孩子了。现在的社会更注重诚信，孩子有样学样，不去遵守自己许下的诺言，他的人生路就会越走越窄。

尤其是答应过孩子的事情，绝不能轻易说"不"。曾子是孔子的弟子，他不但学识渊博，而且为人非常正直，总是诚信待人。即使在教育孩子的时候，他也从来不会对孩子食言。

有一天，曾子的妻子打算上集市去买东西，孩子哭闹的非要一起去。可是家里一会儿还有人要来拿东西，妻子想让孩子在家等。于是骗孩子说道："你乖乖等母亲回来，母亲杀猪给你吃肉。"听了妈妈的话，孩子高高兴兴地等待母亲回来。

孩子乖乖地在院里坐着，靠着墙根晒着太阳，心理想象着自己吃着香喷喷的猪肉时的场景。即使小伙伴来喊他，他都果断拒绝了。左等右等母亲终于回来了。孩子赶紧接过母亲手中的东西，叫嚷道："赶快杀猪，我要吃肉。"可是，母亲却不慌不忙地放下手中的东西说："这头猪是咱家半年的生计啊，不能杀掉的，只有等过年的时候，才能杀。"面对妈妈的"不"，孩子号啕大哭，跑回屋子里去了。

曾子知道了孩子为什么哭以后，什么话也没有说，径直走向厨房，拿出一把明晃晃的刀，妻子以为丈夫要吓唬孩子，赶紧上前阻拦。谁知丈夫说："不能轻易和孩子说'不'，答应孩子的事情就要做到。"妻子说："我只是为了哄孩子随口一说，你何必当真。"不想，曾子一本正经地说："孩子也是有思想的人，不能轻易对孩子说'不'，毕竟是你答应下的。"于是曾子杀了猪，让孩子高高兴兴地吃了猪肉。

也许有人会觉得这样是小题大做，可是，正是这样的做法才能真正地做到教育好孩子。孩子是最需要关爱和呵护的，不要轻易对孩子说"不"，要言而有信，毕竟我们曾经也是孩子。

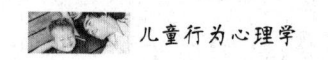

2.过分谦虚——会扼杀孩子的小小梦想

大多数父母因为受到两千多年来儒家文化的影响,骨子里都有谦虚的本性,当孩子表现优异受到别人的夸奖时,却依然佯装平静,不断地说着谦虚的话,帮助孩子自谦一番。殊不知,这可能会扼杀孩子的梦想。

如果别人当着爸爸妈妈和孩子的面赞赏了孩子,孩子内心是十分高兴的。可这时候父母总是会不由分说地谦虚着:"哪里哪里,他呀,也就是这么一次。""他在学校还比较好,回家根本不听话。"这样的言语打击,当着孩子的面说出来,会让孩子内心受到深深的伤害。孩子会真的认为别人的赞赏只是客气,自己真的很差劲。经常这样想,孩子内心的所有想法,乃至梦想都会被扼杀在摇篮里。

孩子的信心往往来源于爸爸妈妈的褒奖,或许有时候他们之所以那么努力,只是为了得到别人的认可,尤其是爸爸妈妈的认可。谁不喜欢听到别人的夸奖呢?所以爸爸妈妈,一定要客观地去接受别人对孩子的赞赏,不要盲目的谦虚,伤害孩子的自信。当爸爸妈妈全身心的爱孩子时,又如何不能付出这样真诚的赞赏呢?

非常懂事的帅帅,在上一年级的时候,就没有让父母为他的学习操过心。在这次的期末考试中更是取得了全班第一的好成绩。在放学的路上,帅帅兴奋地牵着妈妈的手,走着走着,碰到了同班同学雨雨和他的妈妈。一见面,雨雨妈妈便夸赞起了帅帅:"你看你家儿子,人长得帅,学习成绩也是名列前茅,你真是太幸福了。"帅帅妈妈不好意思地立刻说:"哪有,帅帅在家里可不听话呢,这次考试也是碰巧,还是你家雨雨聪明,长得也壮实,我家帅帅还是有点胖。"此时此刻的帅帅已经开始不高兴了。

当雨雨妈妈离开以后,帅帅甩开了妈妈的手,很生气地对妈妈说:"你不是说我不好吗,你怎么不生一个像雨雨一样的儿子,我考了第一也不如别人。"然后,他就哇哇地哭了起来,妈妈这才意识到了自己的错误,赶紧向孩子解释。可是,再怎么解释,帅帅脸上也没有了笑容。妈妈瞬间意识到了,这样当着孩子的面盲目谦虚,深深地伤害了孩子的心灵。因此,她决定以后客观地接受别人对孩子的褒奖,并且自己也要鼓励孩子:"我儿子是最棒的,以后继续加油。"

很多家长也犯了和帅帅妈妈一样的错误。谦虚是美德,但孩子还小,是不太懂大人们之间那种礼仪的,这些自谦之词,只会让孩子们感到沮丧,打击孩子的自信心。

现代教育观念越来越先进。作为爸爸妈妈,也应该与时俱进,客观地评价孩子,必要时面对别人的赞赏也要接受,以达到鼓励孩子的作用。孩子也是有梦想的,所以请不要在他们成功的时候说"不"。

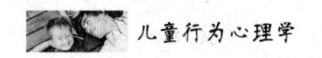

3.不正当奖励——使孩子的路越走越歪

在孩子很小的时候，父母为了激励孩子做某件事情，热衷于奖励孩子。他们奖励孩子的方式，无非就是给孩子买各种各样的礼物，甚至会轻易许下诺言，答应孩子会带他们出去游玩。但是，这样长期的物质奖励，是否能在孩子成长的过程中起到好的作用呢？

其实，在心理学上，雷柏早就针对这一问题进行了研究，也就是著名的"雷柏实验"。在这一实验中雷柏给出了答案。他从很多孩子中挑选了一部分热爱画画的孩子，把这些孩子分成了两个小组。他对第一小组的孩子们说："请你们画画吧，只要画得好，我就给你们奖品。"与此同时，他对第二组的孩子们说："请你们画画吧，我想欣赏你们的画。"

两个小组的孩子都开始高高兴兴地画起了各自的画，而且雷柏对他们的成果很是满意。为了实现之前的承诺，雷柏拿出了奖品颁发给第一组的孩子们。而对第二组的孩子们，他只做了点评和鼓励。之后，过了很长一段时间，他发现第一组的孩子喜欢画画的已经很少了，而第二组中很多孩子却对画画保持着最初的热情。为了让实验更加具有可信度，他在很多国家都做了相同的实验，结果都不约而同的一致。

这个实验，正是回答了上面的那个问题。物质方面的奖励对孩子只有暂时性的作用，一旦孩子对这种奖励的行为失去了兴趣以后，做事情和之前便有了极大的反差。

在生活中，很多父母都对孩子做过这样的允诺："只要你考试成绩好，我就给你买玩具。"最终，孩子确实成绩好了，但是吸引他的不是发自内心的自主学习，而是物质方面的奖励。一旦孩子对奖励不再感兴趣，学习也就不那么努力了。所以，物质方面的奖励效果并不是最好的，还可能起到适得其反的作用。

那么问题又来了，物质奖励不能使用的话，如何才能让孩子有兴趣去做某件事情呢？其实，在孩子成长的过程中，有些奖励是必不可少的。只有相应的奖励，孩子才能好好配合。但是，奖励不一定非得是物质上的，奖励可能是给孩子的一个拥抱，可能是奖励孩子自主选择事情的权利。只要孩子感到身心愉快，并且乐于去做，奖励就达到了预期的效果。

8岁的壮壮很喜欢虎虎生威的武术，于是，妈妈给他报了一个武术兴趣班。可是上了两次课以后，前期枯燥的基本功的练习，让壮壮打了退堂鼓。壮壮回到了家里说什么也不愿意去上课了，不管妈妈怎么劝说都没有用。最后，妈妈只好用起了以前的办法，答应壮壮只要他去上一节课，便给他买一件玩具，这个诱人的条件又让壮壮高高兴兴地去上课了。

可是随着时间的推移，壮壮对玩具已然没有了很大的兴趣，学习武术的时候总是开小差，不用心。武术老师和妈妈沟通了以后，才发现壮壮的问题所在。妈妈意识到了这样子的方法，让学习的目的变成了玩具。之后，妈妈很认真地与壮壮进行了沟通，告诉壮壮：学武术是为了强身健体，这样的机会是来之不易的，如果不好好珍惜的话，就放弃。以后不会再用买玩具的方式，诱惑他上课了。聪明的壮壮决定继续学下去，而且每节课都变得非常用心。

所以说，当爸爸妈妈们鼓励孩子的时候，千万不要使用"糖衣炮弹"来轰炸小孩子们小小的贪心。奖励的确是必不可少的，但是一定要注意方式方法，千万不要本末倒置。用正确的奖励，让孩子健康的成长吧！

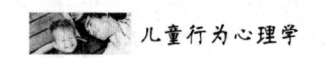

4. "别人家的孩子……"——一种无形的伤害

有一种孩子，叫作别人家的孩子。谁都不愿意被别人贬低，孩子们更是这样。但有时候父母无意间总是拿自己的孩子和别人的比，给他们造成无形的伤害。而父母却丝毫不认为自己的做法是在伤害孩子。

拿自己家的孩子和别人家的孩子比较早已经是亲子关系之间的一种忌讳了。很多孩子非常讨厌这种比较。觉得是不是爸爸妈妈不爱自己了，而只爱别人家的孩子，会对孩子的心灵造成了很大的伤害。如果父母能摒弃比较孩子的这种做法，成为孩子的忠实粉丝，不管什么时候都坚定不移地支持孩子，相信孩子，让孩子在快乐中成长，建立起自信心。

彤彤今年9岁了，正在读小学三年级。他每天都过得很快乐，还有很多好朋友和他一起运动玩耍。可是他也有他的烦恼，那就是妈妈数落他的时候。妈妈经常会因为一件小小的事情数落他半天，数落完，总要加上，你看××，比你强多了……这不，就在昨天，彤彤好心好意地给妈妈盛饭的时候，一不小心打翻了碗。结果妈妈又开始了数落起来："这么大的人了，做事不会慢点，刚拖的地板又被你弄脏了，你总是得让人给你擦屁股，什么事情也做不好，你看邻居家的强强，多好……"彤彤听后非常伤心，因为这个错误，他被数落得一无是处。他多么希望妈妈对他能宽容一些，多夸一夸他。

可是，面对妈妈的数落，面对别人家的孩子，彤彤的信心瞬间没有了。所以作为父母来说，在孩子小的时候，多多认可与赞赏他们，让他们增强自己的自信心是多么重要啊。比尔·盖茨的父亲在被采访的时候就曾说过这么一句话："永远不要贬低自己的孩子，只有当你意识到这句话的重要性的时候，你才能更好地与孩子相处。"

　　因为家庭背景以及所受教育的不同，孩子的认知能力、学习方式和学习效率等各方面也就各不相同。所以，家长应该多加表扬孩子，不要轻易地拿自己的孩子和别人的孩子进行比较，让他们以自己喜爱的方式去健康成长。

　　父母最好的教育方式并不是让自己的孩子和别人比，不要眼中一直看着别人家的孩子。要学会给予自己的孩子一些肯定，而对于孩子表现还不够好的地方，可以对孩子进行适当地引导，让孩子知道自己该如何进步。这样，就会让孩子接受自己的不足，努力进步，也保护了孩子的自信心和自尊心。

　　孩子是最能够被原谅的，难道看到孩子非常伤心难过的认为自己满身全是缺点、没有一点优点的时候，作为父母的你，没有一点点心痛吗？别人家的孩子永远只是别人家的孩子，对自己孩子宽容一点，多赞赏一点孩子，让孩子在快乐中成长吧！

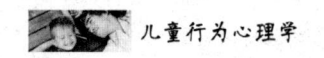

5.使用冷暴力——会给孩子造成一生的阴影

冷暴力其实是暴力的一种，常表现为冷淡、漠不关心和疏远等，这样的行为会导致他人在心理上受到严重的伤害。

在教育孩子的长征路上，父母不免要对孩子所做的一些事情进行批评和教育。他们会从批评中吸取教训，慢慢地改掉自己不好的习惯。可是有的父母面对孩子的错误时，有时会使用冷暴力，殊不知，冷暴力对孩子造成的伤害是非常大的。

孩子是最需要去教育，最需要去沟通的。有时候爸爸妈妈工作非常累，当他们回到家面对孩子的时候，总是心有余而力不足。缺乏沟通，以至于问题长期积累以后，父母总会扔给孩子一句话："以后不管你了，你爱怎么做怎么做！"然后各自干各自的事情。就是这么简单的一句话，给孩子造成的影响可能是一辈子的。最后当孩子叛逆到无法控制的时候，父母才意识到无形中给予孩子的冷暴力，让孩子走向深渊。

对孩子实施冷暴力是非常不可取的，不仅让孩子逐渐产生逆反的心理，甚至让孩子在学习生活中也可能失去信心。这是父母们想看到的结果吗？当然不是，任何爸爸妈妈都是为了孩子好才去做一些事情。遗憾的是，他们却选择了错误的方式，让孩子感到无所适从。所以正确的教育孩子，是非常重要的。

周末早上，妈妈带着6岁的楠楠来到公司加班。没有一会儿，楠楠就拉扯着妈妈想要去动物园玩，可是妈妈手头的事情还有很多，根本走不开。但是楠楠不依不饶，继续纠缠着妈妈，在妈妈讲了一大堆道理之后，没有耐心的妈妈急躁地说道："你想去自己去，我肯定不会陪你去，再说我就不要你了。"然后就不再理楠楠了。楠楠一句话也不说，跑到一边玩玩具去了。

妈妈则继续埋头工作，她想尽快地完成手中的工作好下午带着楠楠去动物园玩。可是等她把手头的所有事情完成的时候，却发现楠楠不在了。找遍了办公楼的所有角落都没有发现楠楠，妈妈疯了一般地打电话给亲人和朋友求助。最后，爸爸在动物园门口找到了楠楠，所有人才松了一口气。爸爸听了楠楠的解释才明白，原来是楠楠特别想来动物园，可是她不敢再纠缠妈妈了，她怕妈妈真的会不要她。爸爸心疼地抱住了楠楠。妈妈在得知了楠楠离开的原因后，也非常后悔，一时的气话，小楠楠却当了真。幸好及时找到了楠楠，不然后果真的难以想象。

面对失而复得的女儿，妈妈决定不再因为一时的情绪激动，对孩子说出不负责任的气话。爸爸妈妈们，你们是否也无数次使用冷暴力来对待你们的孩子。希望以后父母对孩子多点耐心，多点关爱，让孩子更加健康快乐地成长。

另外父母感情的失和与他们之间爆发的冷战，也会让孩子间接受到冷暴力的伤害。当父母心情不好的时候，会用一些不好的字眼来打发孩子，比如"不要来烦我""你跟你爸一样，都不是好东西"等，这样就在无形中伤害了孩子。

当父母每天都是满满的负面情绪时，就会和孩子缺少沟通，而让孩子感觉到家庭的冷暴力。虽然每天都待在一间屋子里，却像陌生人一样。有些孩子甚至会因为长期的冷暴力而抑郁，甚至会动了轻生的念头。所以，在教育孩子的过程中，不要轻易地对孩子使用冷暴力，否则会给孩子造成一生无法抹去的阴影。

孩子的第一任老师就是父母，他们最直接的倾诉对象也是父母。所以，父母应该与孩子敞开心扉地去进行沟通和交流，耐心地引导自己的孩子，而不是随意地使用冷暴力，对孩子造成无可挽回的伤害。

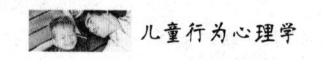

6.包办一切——使孩子失去了应有的创造力

在这个世界上，没有一个孩子不会犯错误。孩子，之所以还是孩子，正是因为他们正在经历成长的过程，在这个过程中应当允许孩子们犯错。所以，尽可能地让他们去自己做一些事情，而不是什么都帮他们做好。爸爸妈妈总以为不让孩子做这个，做那个，是为了孩子好。殊不知，包办一切最后导致的结果就是，让孩子失去了他们应有的创造力。

很多中国的家长都是抱着望子成龙、望女成凤的心态，对孩子的饮食起居照顾得无微不至，替孩子在课余时间安排各种各样的学习项目，生活上的事情一概拒绝孩子去做，逐渐让孩子对家长产生了依赖性，在学习上也产生了被动、消极的情绪。一个孩子什么事情也没有做过，只是学习绝不可能成为有用的人才。若如此，当孩子成年以后，处在群体中的时候会发现自己一无是处，没有能力把事情完成好。

其实有些事情父母是应该放手让孩子自己去做的。大多数明智的父母都会给予孩子应有的尊重，他们会告诉孩子一件事情如何去做才更好，而不是替代孩子去做。好的父母会引导孩子说出要做一件事情的理由，从而了解孩子内心真实的想法。有时候孩子是非常具有创造力的，他们的思想还没受到现实规章制度的影响。所以他们是敢想敢做的。

伟伟已经上小学六年级了。有一次上课，伟伟忘带文具盒了，结果回到家，妈妈却一再责怪自己，把所有的责任都归在自己身上，向孩子不断道歉，因为妈妈忘了给孩子检查上课用的文具盒等必备品了。其实妈妈本应该通过这件事情好好反思一下，应该让孩子自己去做他应该做的事情，而不是替代孩子去包办一切。

可是妈妈却没有，只是一味地认为是自己的原因导致了孩子的错误。以后，妈妈还是照样替孩子检查书包。结果有一次期末考试的时候，妈妈很不巧因为生病住了院。伟伟第二天考试的时候却忘了带文具盒。当妈妈想责怪孩子时，孩子却反驳道："谁让你现在生病，这以前不都是你的事情吗？你还怪我。"

伟伟在抱怨妈妈，但是并非没有道理。孩子的很多习惯和素养都是父母一点一滴教育导致的。而如果父母连一件小小的事情都不让孩子自己去完成，这样的做法只会害了孩子。

父母应该做的就是让孩子摆脱对父母的依赖性。所以，爸爸妈妈们一定要改掉为孩子包办一切的做法，让孩子学会为自己的生活和学习负责。不要把包办一切当成对孩子的好，要让孩子学会自立自强，就不会出现很多学生在学校住宿以后，生活都不能自理的情况了。

有的时候，孩子之所以犯错，并非是他们不懂事。归根结底就是父母过多的溺爱，小的时候什么事情也不让孩子去做，只是一味地让他们去学习，认为学习对孩子是最重要的事情。殊不知，孩子在成长的过程中，需要的是全方位的教育和培养。他们能通过做各种不同的事情得到成长，也会激发出他们无穷的创造力。

每一个生命个体都是与众不同的，每一个人的人生也都是独一无二的。在孩子的人生过程中，父母不应该成为主角。父母只是一个引路者，孩子的路应该让孩子自己去走。所以教育孩子的方式多种多样，父母应该选择最合适的方式，教育孩子，引导孩子，帮助孩子健康成长。